焼結材料工学

石田恒雄 著

森北出版株式会社

ま え が き

　本書は物質工学・材料工学系学科を専攻する大学および高専の学生，ならびに研究者・エンジニアを対象とした金属・セラミックス材料の焼結技術に関する基礎及び応用の教科書・参考書として書かれたものである．

　固体の集合物は，その融点以下の温度で粒子の変形と接合の結果，次第に緻密化し強固になる．これが焼結である．焼結プロセスは原料の調整・成形・乾燥・焼結・加工の一連のプロセスを包含している．この焼結プロセスによって機械部品，超硬材料，耐熱材料，磁性材料などの新金属材料および電子・電磁気・光学・高強度・生体・原子炉セラミックスなどのファインセラミックスが製造され，その応用分野はきわめて広範であり，それを支えるのが焼結技術である．焼結技術の進歩は，金属・セラミックス材料の用途を拡大していく大きな原動力となっている．

　最近の工業技術のめざましい進展に伴って，材料の品質の改良，新しい材料の開発が強く望まれているが，そのうち焼結材料は第4の粉態としての粉体科学・粉体工学・粉体技術の大きな発展が期待されている分野である．特にこの焼結材料の分野は既存の学問の分類にあまりとらわれず，物質について広い視野をもつ必要がある．つまり，焼結材料工学を理解するためには，金属，無機，高分子材料に特有な従来の考え方では律しきれない新しい領域の創出が始まっていることから，焼結技術が材料科学（materials science）的および材料工学（materials engineering)的な立場から追究し，焼結工学を広い意味で総合的に把握するように努める必要があると思われる．

　本書は，このような材料科学工学的な観点から，まず第1章から第4章では，種々の金属・セラミックス材料の諸性質を支配する共通基本原理と諸材料の構造，特性および高温材料加工プロセスなどの基礎事項に重点を置いて，平易に概説した．次に第5章では，焼結技術の基礎になる焼結工程，焼結メカニズム，焼結の促進，焼結体の特性などについて，焼結工学の理論の骨子を系統的に記

述した．そして最後の第6章，第7章では，応用として新しい焼結技術を粉末
の合成法，製造法，評価法の面から取り上げ，さらに焼結技術の開発動向，企
業動向，応用展開にも一部言及し，機能的に理解できるよう努めた．また，最
近の焼結工業材料の急速な進歩に対応させて，内容的に最新なものとなるよう
心がけた．各章ごとには演習問題をつけ，本文の内容の理解を促進するように
配慮した．なお6章，7章においては前金属材料技術研究所粉末冶金研究室長
の武田徹氏に一部加筆ならびに多くの資料の提供をいただいた．

　本書の内容については種々の不備な点，不満足な点，また間違った点など多々
あると思われるが，それらの点に関しては御批判，御叱正をいただければ幸い
である．

　終わりに本書は，内外多数の文献・図書を参考または引用させていただいた．
記してそれらの著者の方々に深く謝意を表する．また貴重な御意見と御指導を
いただいた武田徹氏および森北出版編集部石田昇司氏，生産部広木敏博氏はじ
め，お世話になった方々にお礼申し上げる次第である．

　　1997年3月

著　　者

目　　　次

第 1 章　序　　　論

1.1　焼結材料工学 ———————————————————————— 1

1.2　焼結の歴史 ——————————————————————————— 2

1.3　焼結の特徴 ——————————————————————————— 5

第 2 章　金属およびセラミックスの構造

2.1　結晶の構造と性質 ————————————————————————— 7

　　2.1.1　空間格子　7　　　　　　2.1.2　結晶の対称性　8

　　2.1.3　ブラベー格子　10　　　　2.1.4　ミラー指数　11

　　2.1.5　X 線の回折　13

2.2　金属の結晶構造 ————————————————————————— 14

　　2.2.1　単体の結晶構造　14　　　2.2.2　合金の結晶構造　17

　　2.2.3　金属間化合物の結晶構造　18

2.3　セラミックスの結晶構造 ————————————————————— 19

　　2.3.1　配位数とイオン半径比　19

　　2.3.2　イオン結晶の構造　20　　2.3.3　共有結合の結晶構造　23

2.4　非晶質固体の構造 ———————————————————————— 25

演習問題 ——————————————————————————————— 27

第 3 章　金属およびセラミックス原料粉末の合成

3.1　金属およびセラミックスの製錬・精製 ——————————————— 29

　　3.1.1　原料鉱石　29　　　　　　3.1.2　金属の製錬　31

　　3.1.3　セラミックス原料の精製　33

3.2　ブレークダウン法とビルドアップ法 ———————————————— 34

3.3　気相法 ————————————————————————————— 36

3.3.1 蒸発・凝縮法　36　　　　3.3.2 気相反応法　37

3.4 液相法 ———————————————————————————— 37

3.4.1 水溶液からの沈殿析出　37

3.4.2 電解反応による粒子の生成　38

3.4.3 溶湯噴霧法　38

3.5 固相法 ———————————————————————————— 39

3.5.1 機械的粉砕法　39　　　　3.5.2 固相反応法　40

3.5.3 熱分解法　40

演習問題 ———————————————————————————— 40

第4章　高温材料加工プロセス

4.1 溶解・鋳造プロセス ————————————————————— 42

4.1.1 溶　解　44　　　　4.1.2 鋳造方案　44

4.1.3 主な鋳造法　45　　　　4.1.4 鋳物の凝固過程　46

4.1.5 主な鋳造材料　49

4.2 塑性加工プロセス —————————————————————— 53

4.2.1 塑性加工の種類　53　　　　4.2.2 加工硬化　54

4.2.3 回復，再結晶，粒成長　55

4.2.4 塑性加工と温度　56

4.3 熱処理プロセス ——————————————————————— 58

4.3.1 炭素鋼の状態図と変態　59

4.3.2 鋼の熱処理と組織　60

4.3.3 過冷オーステナイトの等温変態　62

4.3.4 オーステナイトの連続冷却変態　63

4.3.5 チタン合金の熱処理　64

演習問題 ———————————————————————————— 67

第5章　焼結プロセス

5.1 粉末冶金の工程 ——————————————————————— 68

5.2 セラミックス製造の工程 ——————————————————— 70

5.3　高温度における固体中での拡散 ———————————— 73

　5.3.1　拡散とその機構　73　　　　5.3.2　拡散の法則　74

　5.3.3　短回路拡散　75

5.4　焼　　結 ————————————————————————— 77

　5.4.1　焼　結　77　　　　　　　5.4.2　焼結の進行過程　77

　5.4.3　初期段階における焼結速度式　79

　5.4.4　中期および終期段階における焼結速度式　83

　5.4.5　液相焼結　84　　　　　　5.4.6　結晶粒成長　86

　5.4.7　気孔の成長と形状変化　87

　5.4.8　緻密化過程　89

　5.4.9　焼結助剤による焼結の促進　90

5.5　焼結法 ——————————————————————————— 93

　5.5.1　常圧焼結法　93　　　　　5.5.2　加圧焼結法　94

　5.5.3　反応焼結法　96　　　　　5.5.4　その他の焼結法　96

5.6　粉末冶金法とセラミックプロセッシング ——————— 100

　5.6.1　粉末冶金における合金化過程と均一微細組織　100

　5.6.2　セラミックプロセッシングにおける微構造　102

演習問題 ——————————————————————————— 103

第6章　粉体の特性とその評価

6.1　粉末の特徴 ———————————————————————— 105

　6.1.1　粒子の大きさ　106　　　　6.1.2　比表面積　107

　6.1.3　粒度測定法　107

6.2　粉末製造法と生成粉の性質 ———————————————— 108

　6.2.1　酸化物還元法　110　　　　6.2.2　アトマイズ法　113

　6.2.3　電解法　118　　　　　　　6.2.4　熱分解法　120

　6.2.5　メカニカルアロイング　121

演習問題 ——————————————————————————— 121

第7章　最近の焼結技術について

7.1　焼結接合法 ——————————————————— 123

7.2　粉末（焼結）鍛造法 ————————————— 124

　7.2.1　粉末鍛造の方式と工程　124

　7.2.2　プリフォームの鍛造　126

7.3　粉末圧延法 ——————————————————— 127

7.4　テープ・キャスティング法 ————————— 130

7.5　スリップ・キャスティング法 ———————— 132

7.6　CIP法，HIP法 ———————————————— 135

　7.6.1　CIP　135　　　　　　　7.6.2　HIP　137

7.7　金属粉末射出成形法 ————————————— 139

　7.7.1　原料調整と混合・混錬　140

　7.7.2　射出成形と焼結　140

　7.7.3　脱バインダー　141　　　7.7.4　MIM製品と製品精度　141

7.8　MA法 ————————————————————— 142

　7.8.1　進展するメカニカルアロイング　142

　7.8.2　MA合金とHIPプロセス　144

演習問題 ——————————————————————— 145

演習問題略解例 ——————————————————— 147

索　　引 ——————————————————————— 152

第1章
序　　論

1.1　焼結材料工学

　微細な粉末粒子集団または圧粉体が，その融点以下の高温度で原子の移動により粉末粒子が互いに凝着・凝集して，空隙が減少して焼きしまり，緻密な強度の大きい結合体になる．この現象を焼結（sintering）という．その焼結現象を工学的および技術的に取り扱う学問が，焼結工学（sintered process）である．焼結は，古くは主に金属・合金を取り扱う粉末冶金（powder metallurgy, PM）ならびに陶磁器や鉄器などの伝統的な窯業（ceramic process）において重要な役割を有しているが，最近になって特にニューセラミックスおよび機能性セラミックス，あるいは新しい粉末冶金材料の登場で，それらの製造方法の焼結技術として，焼結工学は欠かすことのできない最重要な新技術の一つとして注目されている．

　焼結工学で対象としている材料は，鉄鋼，鋳鉄，非鉄金属，稀有金属の金属・合金，および酸化物，非酸化物，ガラスなどのセラミックスの材料が中心である．これらの材料に関する焼結反応の基礎と応用の領域の学問および技術を，材料科学的視野から包含し，体系化して，その材料科学工学を学習・研究する分野を「焼結材料工学」（sintered materials process）と称することにした．したがって，この焼結材料工学を学ぶことによって，金属・合金およびセラミックス材料の合成・製造に関しての基礎的事項と応用的知見が修得され，材料製造プロセスに関する広い基礎的知識とそれを応用して新しい材料の創出および改良に優れた貢献が期待でき，急速に発展している新材料製造技術分野に原理的にも大きく寄与できるものと思われる．

1.2   焼結の歴史

焼結に相当する方法が, 近代工業に取り入れられたのは 1829 年ウォラストン (W. H. Wollaston) が白金綿を圧縮, 焼結した後に鍛造して白金製造品としたことに始まる. ついで 1909 年クーリッジ (Coolidge) が靱性タングステン粉を焼結して, W 線の製造に成功して, 近代粉末冶金の端緒とされている[1]. 日本では 1919 年東京電気株式会社が, タングステン製錬を行い, 初めて W 線が作られた. 一方, 単純な物質(SiO_2, Al_2O_3, MgO などの伝統的なセラミックス)の焼結の開発も行われ, いわゆる天然原料からつくられる窯業工業として発展していった. 1923 年シュレーター (Schröter) らによって Co を結合金属とする方法が見い出され, 20 年代後半には WC-Co 超硬合金が実用された. また, 30 年代初めには TiC, TaC を添加した鋼切削用超硬合金も実用化された.

1935 年には, 武井らによるフェライト磁石が実用化され, ついで Cu-W, Ag-W のような複合接点材料, 青銅フィルターも開発されている. 1946 年には微細な Al_2O_3 粒子が Al 中に分散した SAP (sintered aluminium powder) 合金が, 溶解法で製造される Al 合金よりも耐熱性がはるかに優れ, 分散型合金の端緒となった. 1940 年代後半には, 焼結理論がフレンケル(Frenkel), クチンスキー (Kuczynski) によって提出され, 焼結機構を推定する方法を与えた.

1950 年代から現在までの粉末冶金および, セラミック工業の発展は著しく, 粉末冶金では, 焼結機械部品, 焼結工具材, 磁石材料などの分野, そしてセラミック材料合成では, 天然鉱物をより精製した原料を使用したファインセラミックス, またはニューセラミックスと呼ばれる新しいセラミックスの開発が行われてきている.

粉末冶金分野では, 現在, 主として表 1.1 に示すような焼結金属材料が製造されている. 機械部品には, Fe 系, Fe 合金系, 青銅系などの高密度焼結部品が強度部材として, 日本粉末冶金工業会規格 (JPMA) などに従って製造されている. 焼結材独特の多孔性を利用したものに, 含浸処理した気孔に油を含ませた Fe 系, Cu 系の焼結含油軸受があり, 含油率と圧縮強さが JIS に規定されている. また, フィルタ, アルカリ電池や燃料電池の電極, 防振防音材などもある. このほかに, 焼結高速度鋼, WC-Co 系の切削工具・耐摩耗工具, WC-

表 1.1 焼結金属材料の種類とその応用例

種 類	主な合金例	用 途
機械部品	Fe 系, ステンレス系合金, Cu-Sn 合金, Al 系合金, Ti など	カム, ギヤ, バルブ, ブラケット類, ノズルなど 含油軸受, しゅう動部品, 精密部品, 電気接点など
硬磁性材料	Al-Ni-Co, Fe-Ni-Al, MnBi, $BaO \cdot 6 Fe_2O_3$, $SnCo_5$ など	モーター, スピーカー, カメラ一体型ビデオ, 産業用ロボット, ハードディスクのモーターなど
軟磁性材料	Mn-Zn フェライト, Cu-Zn フェライト, Ni-Zn フェライト, Ba フェライト	テレビ, ラジオ, OA 機器のスイッチングコイル, 磁心など
超硬合金材料	WC-Co, WC-TiC-Co, WC-TiC-Ta(Nb)C-Co など	切削工具, 耐摩耗工具, 各種ダイス, 打抜工具, ゲージなど
高融点金属	W, Mo, Ta, Nb, これらの合金など	電球・真空管材料, 発熱体, 工業用グリット, 硬質工具用など
サーメット	TiC-Mo-Ni, TiC-Ni-Cr, Al_2O_3-Cr など	超耐熱材料, 切削工具材など
複合材料	W-Cu, W-Ag, Mo-Ag, Cu-C, Fe-Pb-C, Cu-Sn-SiO_2-C, セラミック系材料	電気接点, 摩擦板, ジェットエンジン, ロケットエンジンのノズル, 耐熱材料など
分散型複合材料	Al-Al_2O_3 系の SAP, Ni-ThO_2 系の TD ニッケルなど	超耐熱, 耐熱導電用フィラメント, 原子炉材料など
繊維強化型材料	FRM, FRP, ウィスカー強化材	軽量化構造品, 精密装置部品, 制振部品など
多孔質材料	Cu-Sn, Cu-Sn-Pb, Fe-C, Fe-Cu, 18-8 ステンレス, 貴金属	含油軸受, フィルター, 熱交換器など

Ni, WC-Ni-Cr 系の磁極成形用金型や磁気テープガイドローラ, サーメットと称する耐熱焼結体などがある. 粉末冶金製品は多方面に使用されており, 機械部品, 硬質磁性材料, 軟質磁性材料, 軸受合金, 管球材料, 摩擦材料, 焦電材料, 電気接点の順に生産量が多い. また, 現在粉末冶金技術の新しいプロセスとしては, 冷間静水圧成形(CIP), 熱間静水圧成形(HIP), 金属射出成形(MIM)などの発展により新分野を拡大している.

　セラミックスの焼結分野における製造技術においては, 現在, 表1.2に示す

表 1.2 機能性セラミックス焼結材料

機能別	用 途	セラミックス焼結材料の例
構造材料	建築材料	セメント，タイル，耐火物，床材，ガラス，耐熱レンガ，保温材，ガラスファイバー
	高硬度高強度材	アルミナ，ジルコニア，炭化ケイ素，窒化ケイ素，ダイヤモンド
電気電子材料	絶縁材料	アルミナ，ムライト，ジルコン，マグネシア，酸化ベリリウム
	誘電体	酸化チタン，チタン酸バリウム，チタン酸鉛
	圧電体	チタン酸鉛，PZT，石英，ニオブ酸リチウム
	半導体	炭化ケイ素，PTC(チタン酸バリウム)，サーミスター
	導電体	ジルコニア，β-アルミナ，ケイ化モリブデン，炭化ケイ素
	磁性体	フェライト(スピネル形，ガーネット形，マグネプラムバイト形)
光材料	透光体	アルミナ，マグネシア，イットリア-トリア系
	反射体	シリカ，酸化インジウム，チッ化チタン
	偏光体	PLZT セラミックス
	磁気光学効果	$Y_3Fe_5O_{12}$
機械材料	切削材料	アルミナ，チタンカーバイド，チッ化ボロン
	耐摩耗材料	アルミナ
	耐熱材料	アルミナ，シリコンカーバイド，シリコンナイトライド
生体材料	歯骨材料	水酸化アパタイト，アルミナ
	触媒材料	フェライト，K_2O-Al_2O_3 系セラミックス，酸化ニッケル，アルミナ
	耐食性	シリコンカーバイド，シリコンナイトライド
原子炉材	減速材	酸化ベリリウム，黒鉛
	反射材	酸化ベリリウム，黒鉛
	核燃料	酸化ウラン，炭化ウラン，酸化トリウム，チッ化ウラン

ように，各種の開発製品を生み出している．フェライトの焼結や多層セラミック基板の一体焼結，低コストですむ高機能と高信頼性が求められるホットプレスによる高密度材料の磁気ヘッド素材の例などがある．特にエレクトロセラミックスでは，複数セラミックスを合わせて，他の材料との固溶，粒界に新材料の析出などのセラミックス微細構造制御を行う材料開発，および多層セラミック回路基板，積層セラミックコンデンサにおける多層・積層の形成技術による

圧電セラミックスなど，新しい製品開発に展開されてきている⁽²⁾.

1.3 焼結の特徴

　金属，無機材料の製造法を一般化すると，図1.1のようなフローチャートで示される．材料の製造法として，高温溶融した金属を鋳型に鋳込む鋳造方法と，溶融金属のかわりに固体粉末を用いて，これを融点以下の高温で焼成 (firing) する焼結方法とがある．金属材料の場合には主として，溶解・鋳造法で製造が行われ，溶解できない金属，合金化が困難な材料，高融点金属の場合などは，焼結法が採用されている．セラミック材料の製造は，大部分，焼結法で行われているので，焼結方法が最も重要な技術である．したがって，金属材料の製造には，溶解・鋳造や鍛造工程と粉末冶金工程との競合が，ある合金系では生じている．他方セラミックスの製造には，焼結方法が最重要な命題ということになる.

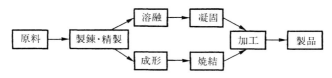

図 1.1　金属・無機材料の製造プロセス

　材料の特性改良を図ろうとする場合，通常材料の組成変更や組織制御の手段が用いられるが，材料の製造法として，たとえば溶解・鋳造法を用いる場合には，それらのいずれの手段も，材料成分系の平衡状態図の性格に著しく制約されて実現できない場合がある．高融点金属や蒸気圧の高い金属は溶解が困難であるし，融点が互いに大きく異なったり，液相分離型の合金などについては，組成偏析や金属間化合物などの分散相の粗大化などが起こりやすく，実用上耐える性質をもつものは作りがたい．しかし，焼結方法を用いると，上記の制約は大幅に解消され，合金成分の種類や量の選定などにおける自由度が増す⁽³⁾.すなわち，高融点材料などについては，融点以下の温度で，加圧焼結すると，均質・微細組織を有する緻密材が得られる．さらに，この焼結法を用いると，多孔質の作成が可能で，形状が複雑な部品や加工困難な材料の部品の多量生産に適し，鋳造，鍛造，切削加工法などを用いるよりも製造コストの低減が図られ

る．したがって，従来の溶解・鋳造，鍛造加工などで生産されてきている材料の焼結法による製造への転換に関する開発・研究が最近多くなってきた．すなわち，急冷凝固が可能なアトマイズ（噴霧）法によって，高成分または微細組織の粉末をつくり，これを最適の焼結法を用いて，緻密化させて，新材料の合成の開発や製造価格の低減化を図ることを目的とした研究が，最近活発である．粉末焼結技術の開発には次の二つの大きな特質がある．

　　①　粉末焼結法によらなければならない独特の分野で，これには多孔質材料，高融点材料，複合材料，酸化物や炭化物などの焼結がある．

　　②　鋳造・鍛造法でも製造できるが，粉末焼結法を用いた方がより経済的で，良好な性質が得られる場合で，一般の機械部品，超合金，電磁気材料などがある．

また，特にファインセラミックスの特徴は次のようである[4]．

　　①　物質の種類と形態の多様性により，多彩な機能が期待できる．この材料は主として電子部品として使われ，情報通信システムの変革の原動力となる．

　　②　セラミックスのもつ耐熱・耐食・硬質性は高温高強度材料として利用できる．これは熱機関の熱効率の向上，MHD，核融合，地熱発電などの新エネルギー開発が可能になる．

　　③　特に安定で無毒な材料は，生体に対してより安定で親和性も大きい．歯，骨，関節の代替部材としての展開が期待されている．

　　④　セラミックスの用途が多岐であることは，必然的に知識集約型の産業形態を必要とする．

　　ファインセラミックスの開発は，柔軟で活気ある頭脳をもつ人的資源に恵まれている我が国でこそ，最も適しているものといえる．

参 考 文 献

（1）　庄司啓一郎，永井宏，秋山敏彦：粉末冶金概論，共立出版（1984），第1章．
（2）　ニューケラスシリーズ編：セラミクスのプロセステクノロジー，学献社（1988），p.1.
（3）　林宏爾：日本金属学会会報，第26巻（1987），No.7, p.701—705.
（4）　柳田博明：ファインセラミクス，オーム社（1982），p.22.

第2章
金属およびセラミックスの構造

2.1 結晶の構造と性質

　結晶を構成している粒子（原子，イオン，分子，原子団など）の空間的配置はX線回折により知られる．この粒子を結びつけている結合としてはイオン結合，共有結合，金属結合，ファンデルワールス力（分子間引力）および水素結合がある．それぞれに応じて結晶はイオン結晶，共有結合結晶，金属結晶，分子結晶および水素結合結晶に分類される．これらの中間に位置するものもある．結晶の構造と性質はその結合の種類と密接な関係がある．

2.1.1 空間格子
　結晶では原子，イオン，分子または原子団の各粒子が3次元的に規則正しく繰り返されて配列している．図2.1に各粒子を点で置き換えて幾何学的に配置し，空間に点が規則正しく配列した3次元の網目状格子を示す．各粒子が配置

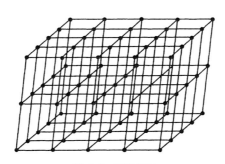

図 2.1　空間格子

されている点の集まりを空間格子（space lattice）と呼び，これらの点を格子点といい，その周期の最小単位を3次元にとったものを単位胞（unit cell）または単位格子（unit lattice）という．互いに平行でない三つの基本ベクトル $\vec{a}$, $\vec{b}$, $\vec{c}$ を選ぶと，各格子点の位置ベクトル $\vec{r}$ は

$$\vec{r} = n_1\vec{a} + n_2\vec{b} + n_3\vec{c} \tag{2・1}$$

により与えられ，n_1, n_2, n_3 は正負の整数である．単位格子は三つの基本ベクトルの長さ a, b, c とそれぞれのなす角 α, β, γ により定まる．これらを格子定数（lattice constant）という．

2.1.2　結晶の対称性

　結晶の対称性には点対称，軸対称，平面対称がある．対称要素としては鏡映面，回転軸，反転中心，回反軸，回映軸が用られる[1]．

　まず図2.2(a) に示すように，立方体の中心を貫くある面で2等分され，その一方が他方に対して鏡対称になる．この対称性を鏡映面といい，その対称操作を鏡映と呼ぶ．図2.2(b) のように一つの軸のまわりに $360°/n$ 回転すると，元の状態と同じ位置になるとき，この軸を n 回回転軸という．そのうち結晶の周期的構造と両立するものは $n=2, 3, 4, 6$ に限られる．これに不変操作 $n=1$ を加えたものを，1，2，3，4，6と記号で示す．また，図2.2(c) のように，立方体の表面上の向かい合った2点を結ぶ直線がすべてその中心によって2等分されるとき，それは反像の中心をもつといい，その対称操作を反転という．回転と反転を組み合わせた対称操作を回反と呼び，図2.2(d) のように一つの軸の

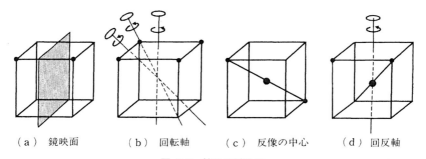

（a）　鏡映面　　　（b）　回転軸　　　（c）　反像の中心　　　（d）　回反軸

図 2.2　結晶の対称性

まわりに $360°/n$ 回転を行い，回転軸上の一点に対する反転を行って初めて最初の状態に戻るとき，この軸を n 回回反軸という．n 回回反軸も $n=1$，2，3，4，6 と五つあり，これらを $\bar{1}$，$\bar{2}$，$\bar{3}$，$\bar{4}$，$\bar{6}$ と表す．n 回回映軸とは，その軸のまわりに $360°/n$ 回転した後，この軸に垂直な面に対する鏡映を行って初めて最初の状態と区別がつかない状態となる軸をいう．これも $n=1$，2，3，4，6 に限定され，$\tilde{1}$，$\tilde{2}$，$\tilde{3}$，$\tilde{4}$，$\tilde{6}$ と表されるが，$\tilde{1}=\bar{2}$，$\tilde{2}=\bar{1}$，$\tilde{3}=\bar{6}$，$\tilde{4}=\bar{4}$，$\tilde{6}=\bar{3}$ となる．

　単位格子は，結晶構造がもつすべての対称性を反映する．対称性は構造の重ね合わせをもたらす回転，反転および基本ベクトルあるいはその整数倍の組合せで得られるベクトルに沿った平行移動の並進によって定義される．対称要素としては，五つの回転軸，鏡映面，反転中心および 4 回回反軸の八つの対称要素があり，これらが組み合わされる．そのうち独立な組合せは 32 種類ある．こ

表 2.1　七つの結晶系とブラベー格子

結晶格子／結晶系	P 単純 (primitive)	I 体心 (body-centered)	F 面心 (face-centered)	C 底心 (side-centered)
立方晶系 (cubic)				
正方晶系 (tetragonal)				
斜方晶系 (orthorhombic)				
単斜晶系 (monoclinic)				
三斜晶系 (triclinic)				
六方晶系 (hexagonal)				
三方晶系 (trigonal) または菱面体 (rhombohedral)				

れを点群といい，点群による分類を結晶群と呼ぶ．これが結晶の晶族と関連し，32の晶族は表2.1に示す七つの晶系に分類される．

2.1.3　ブラベー格子

ブラベー（Bravais（1850年））は空間格子を対称性により分類し，14種類の形しか存在しえないことを示した．これをブラベー格子（Bravais lattice）と呼び，すべての原子は格子のさまざまな並進によって互いに一致する（表2.1）．

（1）　立方晶系（cubic system）

立方体の対称性をもつブラベー格子は，対称性の最も高い格子である．このような格子は，立方体単位の全部の頂点に原子を置いた単純立方格子（simple cubic lattice，記号P），さらに立方体単位の中心に1個原子を置いた体心立方格子（body-centered cubic lattice，記号I），およびすべての面の中心に1個ずつ原子を置いた面心立方格子（face-centered cubic lattice，記号F）の三種類がある．単純立方格子は単位格子であるが，IとFの格子は単位格子ではない．I格子には原子2個，F格子には原子が4個属しているからである．立方晶系の格子定数は$a=b=c$，角度は$\alpha=\beta=\gamma=90°$である．

（2）　正方晶系（tetragonal system）

正四角柱の対称性が正方晶系かブラベー格子の対称性に相当する．このブラベー格子には，単純格子と体心格子とが存在する．相対する一対の面の中心に格子点をもつ底心格子（base-centered lattice，記号C）は格子点の取り方を変えれば単純格子に，面心格子は体心格子にそれぞれなってしまう．正方晶系の格子定数は，$a=b\neq c$，$\alpha=\beta=\gamma=90°$である．

（3）　斜方晶系（orthorhomic system）

立方体の二辺を，長さが等しくならないように引き伸ばせば，三辺の長さが異なる立方体ができる．斜方晶系のブラベー格子の対称性はこの直方体の対称性と同じである．斜方ブラベー格子には単純格子，体心格子，面心格子および底心格子の四種類が存在する．斜方晶系の格子定数は$a\neq b\neq c$，$\alpha=\beta=\gamma=90°$である．

（4） 単斜晶系（monoclinic system）

　この結晶系の対称性は一層低くなる．単斜晶系は直方体を一つの辺の方向に傾斜させて得られる図形の対称性と等しく，長方形の底面をもつ斜角柱である．単純格子と底心格子の二種類がある．単斜晶系の格子定性は $a \neq b \neq c$, $\alpha = \gamma = 90°$, $\beta \neq 90°$ である．

（5） 三斜晶系（triclinic system）

　この結晶系は任意の斜角平行六面体の対称性に等しい．三斜晶系は対称性が最も低いものである．これに属するブラベー格子 P はただ一種類のみである．三斜晶系の格子定数は $a \neq b \neq c$, $\alpha \neq \beta \neq \gamma \neq 90°$ である．

（6） 六方晶系（hexagonal system）

　この結晶系は正六角柱の対称性に等しく，高い対称性をもつ．六方晶系のブラベー格子（記号 P）は正六角柱の各頂点と両底の中心点からなる．この格子の単位格子は底面が菱形の平行六面体である．この結晶系の格子定数は $a = b \neq c$, $\alpha = \beta = 90°$, $\gamma = 120°$ である．

（7） 三方晶系（trigonal system）

　この結晶系は立方体をその空間的対角線の一つの方向に辺の長さを変えずに引き伸ばして，または圧縮して得られる菱面体（rhombohedron）の対称性に等しい．三方晶系のブラベー格子（記号は P または R）はただ一つで，格子点は菱面体の各頂点を占める．この結晶系の格子定数は $a = b = c$, $\alpha = \beta = \gamma \neq 90°$ である．

2.1.4　ミラー指数

　結晶面および結晶方向は，ミラー指数と呼ばれる一組の整数で規定される．結晶格子の中のすべての格子点は，平衡でかつ等間隔の一群の平面上に並んでいて，この一群の平面を格子面という．

　図 2.3 のように結晶軸 x, y, z とそれぞれ a/h, b/k, c/l の長さで交わる格子面を考えると，この格子面は h, k, l の値によって表すことができる．このとき h, k, l の比が最小の整数比となる値をとり，(hkl) の記号で表す．この括弧（　）は，単一の格子面を表す記号である．たとえば，図 2.4(a) の斜線で示した格子面は x, y, z 軸とそれぞれ $a/1$, $b/1$, $c/2$ の長さで交わり，最

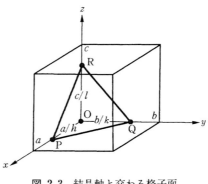

図 2.3　結晶軸と交わる格子面

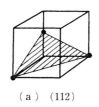 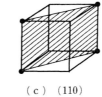

　（a）（112）　　　　　（b）（100）　　　　　（c）（110）　　　　　（d）（111）

図 2.4　格子面のミラー指数の表し方

小整数比 $h:k:l=1:1:2$ となるから（112）面である．また，格子面がマイナスの座標軸と交わる時はその交わる長さも負の値になる．したがって，$(h\bar{k}l)$ のように負になる値の上に ‾ の記号をつける．格子面が座標軸の一つもしくは二つと平行であれば，この面はその座標軸とは交差しない．これは交点が∞であることを示し，ミラー指数は 0 となる（図 2.4(b)，(c)）．各結晶系は，一連の等価な格子面を有している．たとえば，立方晶では (hkl)，(lkh)，(klh) などの面は等価である．対称操作によって一致させることができる等価な格子面のすべてを表示するときには $\{hkl\}$ と書かれる．格子方向もまたミラー指数によって表示される．ある格子方向は，その方向と平行に単位格子の原点を通る直線を引き，その直線と単位格子との交点の座標 uvw を用いて表す．uvw としては無限の組合せがあるが，そのうちの最小の整数比の組合せで表示する．図 2.5 にはいくつかの格子方向のミラー指数が示されている．面の表示の場合，切片の長さの逆数をとるが，方向の表示の場合は座標の値がそのまま用いられる．

　六方晶の格子面の指数付けの例は，図 2.6 に六方晶の座標軸と図 2.7 に六方

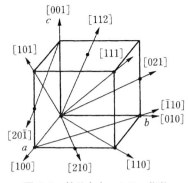

図 2.5　結晶方向のミラー指数

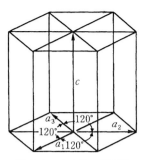

図 2.6　六方晶の座標軸

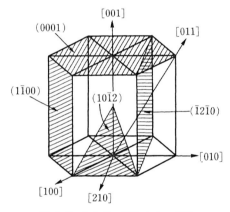

図 2.7　六方晶の面と方向の指数

晶の面と方向の指数とで示される．六方晶の格子面のミラー指数は $(hkil)$ と書かれるが，最初の三つの指数は独立ではなく

$$h+k+i=0 \qquad\qquad (2\cdot2)$$

の関係を満足する．このため指数 i を省略して (hkl) と書かれる場合もある．

2.1.5　X 線の回折

　結晶による X 線の回折を発見したラウエ（Laue（1912 年））は，結晶を 3 次元の回折格子として取扱って，回折の極大に対する条件を得た．その後間もなくブラッグ（Bragg）は，結晶内に平行に配列した格子面より X 線が反射され

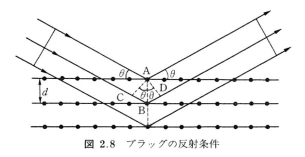

図 2.8　ブラッグの反射条件

ると考えて，数学的取扱いを簡単にした．図 2.8 に示すような格子面に対して，角度 θ で入射した X 線は同じ角度 θ で反射される．その時隣接する格子面で，それぞれ反射される X 線の光路差は

$$\overline{\mathrm{CB}}+\overline{\mathrm{BD}}=2\,\overline{\mathrm{CB}}=2d\sin\theta \tag{2・3}$$

である．ここで，d は面間隔である．したがって，反射された X 線が干渉の結果，強め合う条件は

$$2d\sin\theta=n\lambda,\qquad n=1,2,3,\cdots\cdots \tag{2・4}$$

である．ここで，λ は X 線の波長，n は反射の次数と呼ばれる整数である．この関係をブラッグの反射条件という．ミラー指数 (hkl) の格子面の間隔は，結晶系によって固有の値をとるから，測定された角度 θ から対応する指数の格子定数が決定される．たとえば，立方格子では格子面の間隔は

$$d_{hkl}=\frac{a}{\sqrt{h^2+k^2+l^2}} \tag{2・5}$$

で与えられるから

$$\sin\theta_{hkl}=\frac{\lambda}{2a}\sqrt{h^2+k^2+l^2} \tag{2・6}$$

となり，指数付けができれば a を決定することができる．

2.2　金属の結晶構造

2.2.1　単体の結晶構造

一般的な金属は図 2.9 に示すような面心立方格子（face-centered cubic lat-

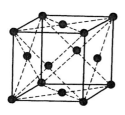

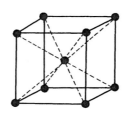
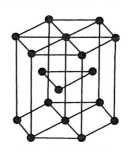

（a）　面心立方格子　　　　（b）　体心立方格子　　　　（c）　最密六方格子

図 2.9　代表的な結晶格子

tice：fcc），体心立方格子（body-centered cubic lattice, bcc），最密六方格子
（close-packed hexagonal lattice, cph）をとる．しかし Ge や Sn は共有結合
としての方向性が現れ，ダイヤモンド型の結晶構造をとる．また Sb や Bi でも
共有結合性が著しく，グラファイト型の層状構造をしている．

（1）　面心立方格子

これは図 2.9(a) に示すように，立方体の各隅点と各面の中心に 1 個ずつの
原子が配置された結晶構造である．この配列の仕方は，球体を最も密に積み重
ねる方法の一つである．面心立方格子の面の中心にある球は，面心立方格子の
頂点にある球と接触するので，立方体の辺の長さ a は球の直径 d とすると，$a=\sqrt{2}\,d$ となる．単位格子の体積は，面心立方格子の体積の 1/4 であり，$a^3/4=d^3/2$
である．そこで，1 個の球は単位格子の体積の 74% を充填する．面心立方格子
を立方体の空間対角線の方向（[111] の方向）からみると，図 2.10 に示すよう
に格子点（球の中心）が正三角形の網目を形成している層を重ねたものとみな

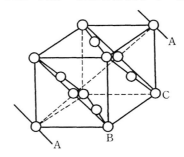

図 2.10　面心立方格子と立方最密充塡

表2.2　主な金属の結晶格子

結晶構造	純金属の例
面心立方格子 (fcc)	Ag, Al, An, β-Co, Cu, γ-Fe, Ni, Pb, Pt, Pd, Ir, Rd, Th
体心立方格子 (bcc)	Cr, α-Fe, δ-Fe, Mo, β-Ti, V, W, β-Zr, γ-U, Na, Ba, Li
最密六方格子 (hcp)	Be, Cd, α-Co, Mg, α-Ti, Zn, α-Zr, Tl, Hf

すことができる．この層の重なり方は，一つの層の格子点が一つ前の層の三角形の中心にくるように重ねられ，3種類の層がABCABC……の重なりをするようになっている．配位数が12である面心立方格子をもつ代表的な金属を表2.2に示す[2]．面心立方格子構造の金属は展性や延性に優れている．

（2）　体心立方格子

　これは図2.9(b)に示すように，立方体の各隅の点と立方体の中心に各1個の原子が配列された結晶構造である．立方体の空間対角線の長さは$\sqrt{3}\,a$であるので，$d = (\sqrt{3}/2)\,a$となり，立方体格子の体積は$a^3 = (8/3\sqrt{3})\,d^3$となる．体心立方格子は2個の原子をもつので，1個の球を含む単位格子の体積は$(4/3\sqrt{3})\,d^3$である．この値と1個の球の体積を比較すると，1個の球は単位格子の体積の68%を充填する．したがって，隙間が大きく最密充填構造ではない．配位数は8である．体心立方格子をもつ代表的な金属を表2.2に示す[2]．体心立方格子構造をもつ金属の展性や延性は，面心立方格子構造の金属についでいる．

（3）　最密六方格子

　これは図2.9(c)に示すように，六角柱の上下の面の各隅の点と，その中心に1個ずつの原子が存在し，さらに六角柱を構成する6個の三角柱のうち，一つおきの三角柱の中心に1個ずつの原子が配列された結晶構造である．この場合には，格子定数として底面の一辺の長さaのほかに六角柱の高さcが用いられる．そしてc/aの値を軸比（axial ratio）と呼ぶ．単位格子の形と大きさは，aとc/aによって表される．最密六方格子も面心立方格子と同じく，球体を最も密に積み重ねた配列だが，AB AB……のように2種類の層を同じように重ね

表 2.3 最密六方晶金属の軸比の値

金 属	軸 比	金 属	軸 比
Be	1.568	Mg	1.624
Hf	1.582	—	1.633
Ti	1.587	Zn	1.856
Zr	1.589	Cd	1.886
Co	1.623		

た最密充塡構造である．最密六方格子の軸比の値 c/a は，一定の値（1.633）になるはずだが，実在の金属には表2.3に示すようにこの値を示すものはない[3]．最密六方格子の配位数は 12 である．最密六方格子構造をもつ代表的金属を表2.2に示すが[2]，これらの金属はいずれも延性に乏しい．

2.2.2 合金の結晶構造

実際に使用されている金属材料は大部分が 2 種類以上の金属を溶かし合わせた合金である．金属の他に炭素など非金属を含む合金もある．金属は固体状態では結晶構造をもつので，固体状態で溶け合った状態というのは，溶質金属が1 個 1 個の原子になって溶媒金属の結晶格子の中に入り込んだ状態である．このような均質な固体合金を固溶体（solid solution）という．結晶構造が異なる金属の間で固溶体ができる場合，たとえば A 金属に B 金属を固溶させる時，B金属の濃度が低い範囲では A 金属と同じ結晶構造の固溶体ができる．これを 1次固溶体（primary solid solution）と呼ぶ．固溶体には，置換型固溶体と侵入型固溶体がある．置換型固溶体の場合，溶質原子と溶媒原子の置換が全ランダムに起こるものとすれば，固溶体の格子定数値は溶質原子の濃度に比例して変化する．この関係をベガードの法則（Vegard's law）という．1 次固溶体の組成範囲では，このベガードの法則が成り立つ．1 次固溶体の組成範囲を越えると，A 金属とは異なった結晶構造をもつ部分が出現する．すなわち，中間組成で現れる A 金属と結晶構造の異なった固溶体を 2 次固溶体という．しかし，A金属の量がある程度以上になると，A 金属は B 金属を溶かしきれなくなり，中間組成で全く違った結晶構造のものをつくる場合がある．これを中間相（inter-mediate phase）と呼び，中間相は A，B のいずれとも結晶構造の違う固溶体であるときもあるし，化合物であるときもある．中間相の中でも，成分元素の原

子の数の比が簡単な整数比で化学的に結合したものを金属間化合物（inter-metallic compound）と呼んでいる．2 次固溶体と金属間化合物を中間相ともいっている．

2.2.3　金属間化合物の結晶構造

　金属間化合物の場合でも，fcc 格子を基本とする構造の金属間化合物，あるいは bcc 格子を基本とする構造の金属間化合物といった分類が成り立つ．さらにラーベス（Laves）相化合物として知られる AB_2 組成の金属間化合物がある．金属間化合物は 2 種類以上の原子が化学結合することによって形成され，その成分の組成（原子）比は定比例の法則にしたがって簡単な整数比をとる．真ちゅう（Cu-Zn 合金）の化合物として $CuZn$，Cu_5Zn_8，$CuZn_3$ が存在する．$CuZn$ は立方体の頂点に Cu，その体心に Zn が存在するが，450℃ 以上では無秩序相となり，Cu と Zn の区別がつかない．したがって，格子の対称性は単純立方格子から体心立方格子に変わる．金属間化合物について結晶構造が同じであればヒュームロザリー（Hume-Rothery）の規則が成り立つ．それは価電子数 e と原子数 a の比（e/a）が特定となるような組成では，特定な結晶構造の金属間化合

表 2.4　ラーベス相

MgCu₂ 型（立方晶）		MgZn₂ 型（六方晶）		MgNi₂ 型（六方晶）
AgBe₂	NbCo₂	BaMg₂	TaMn₂	ReBe₂
BiAu₂	PbAu₂	CaAg₂	TiFe₂	FeB₂
CaAl₂	PrNi₂	CaCd₂	TiMn₂	MoBe₂
CeAl₂	TaCo₂	CaLi₂	UNi₂	NbCo₂
CeCo₂	TiBe₂	CaMg₂	VBe₂	TaCo₂
CeFe₂	TiCo₂	CrBe₂	WBe₂	TiCo₂
CeMg₂	TiCr₂	FeBe₂	WFe₂	WBe₂
CeNi₂	UAl₂	KNa₂	ZrCr₂	ZrFe₂
GdFe₂	UCo₂	MnBe₂	ZrIr₂	
GdMn₂	UFe₂	MoBe₂	ZrMn₂	
KBi₂	UMn₂	NbFe₂	ZrRe₂	
LaAl₂	ZrCo₂	NbMn₂	ZrRu₂	
LaMg₂	ZrFe₂	ReBe₂	ZrOs₂	
LaNi₂	ZrW₂	SrMg₂	ZrV₂	
NaAu₂		TaFe₂		

[出典：金属便覧，丸善]

物が出現するという法則である．たとえば，CuZn，Cu_3Al，Cu_5Sn は結晶構造が，いずれも体心立方格子であって，価電子数の総和と原子数の総和の比は 3/2 と一定である．ヒュームロザリーの規則を満足する金属間化合物を，特に電子化合物（electron compound）という．また原子半径化合物は構成原子の原子半径の比が $\sqrt{3/2}=1.225$ の場合に AB_2 型の化合物として形成されるもので，最密構造を有する．このような化合物がラーベス相（Laves phase）であり，表 2.4 に示す $MgCu_2$ 型，$MgZn_2$ 型および $MgNi_2$ 型がある．ラーベス相の構造は，大きさのやや異なる A，B 原子ができるだけ密に詰まろうとした時できる構造で，四面体詰め込み構造といわれる構造の一種である[4]．すでに超伝導性あるいは特異な電気的性質を示すラーベス相化合物が発見されているが，今後の研究によってはさらに新しい素材がこの化合物群から見出されると期待される．

2.3　セラミックスの結晶構造

　同じ大きさの球をできるだけ密に平面上に並べ，さらにその上に同種の球をできるだけ密に並べると，充填された球の間にはいくつかの隙間が存在している．この立方および，六方最密充填中のこの隙間にイオンが入ることによって，種々のイオン結晶構造が導き出される．一般に陰イオンは陽イオンよりも大きいので，陰イオンの最密充填によってできる隙間を陽イオンが占有する．

2.3.1　配位数とイオン半径比[5]

　球の最密充填によってできる隙間の種類は 3 種類あり，最密充填ではないが，8 個の球によってできる隙間もある．イオン結晶ではこの隙間に陽イオンが入ることになる．陽イオンの周りに存在する陰イオンの数をその陽イオンの配位数という．図 2.11 の左から三配位，四面体四配位，八面体六配位，立方体八配位と呼ぶ．イオン結晶では，この隙間にどのような陽イオンが入るのかが問題である．陽イオンと陰イオンの大きさの間に幾何学的に許される一定関係がある．これはイオン半径比の関係とも呼ばれるものである．陽イオンのイオン半径を r_+，陰イオンのイオン半径を r_- とすると，三配位では r_+/r_-（イオン半径比）$=0.155$ のとき，陽イオンと陰イオンとがぴったり接触するが，この値以下

（a）　三配位　　　　（b）　四配位　　　　（c）　六配位　　　（d）　八配位

図 2.11　小さな陽イオン（黒丸）の周りの大きな陰イオン（白丸）の配位

表 2.5　イオン半径比と配位数

r_+/r_-	配位数	配位多面体	配位の例
0.155～0.225	3	平面三角形	BO_3
0.225～0.414	4	四　面　体	SiO_4
0.414～0.732	6	八　面　体	AlO_6
0.732～1	8	立　方　体	UO_8

では陰イオン同士だけが接触することになって静電気的な斥力が大きくなり，不安定になる．表2.5に適用できるイオン半径比と配位数の関係を示すが，例外も多く存在する．

2.3.2　イオン結晶の構造[5],[6]

　イオン結晶は陽性金属Aと陰性元素Bがイオン結合することによって作られる．結晶中のあるイオン周囲にある反対符号をもつイオンの数を，そのイオンの配位数（coodination number）という．

（1）　食塩（NaCl）型構造

　NaClによって代表される原子比1：1のAB化合物が作る典型的な構造である．その構造は，図2.12に示すように二つの面心立方格子が稜線方向にその

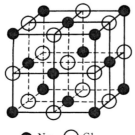

● Na，○ Cl　　　　　　**図 2.12**　食塩型構造

面心立方格子の半分の長さだけずれて重なっている．陰陽両イオン共に相手の
イオン6個によって正八面体的に取り囲まれている．このような構造を食塩型
あるいは岩塩型構造という．NaClのほか KCl, LiF, KBr, MgO, CaO,
SrO, BaO, CdO, FeO, NiO などがこれに属する．

（2） 塩化セシウム（CsCl）型構造

イオン半径のあまり違わない陰陽両イオンが共に相手のイオン8個によって
立体的に取り囲まれ，図2.13のように，B^-イオンによって構成される単純立
方格子の体心点に A^+イオンが配列した立方晶である．配位数は8である．CsCl
の他に，CsBr, CsI もこの構造をとる．

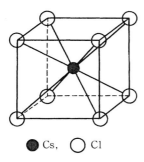

Cs,　◯ Cl

図 2.13 塩化セシウム型構造

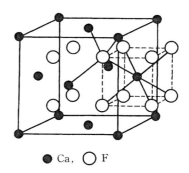

● Ca,　◯ F

図 2.14 ホタル石（CaF₂）型構造

（3） ホタル石（CaF₂）型構造

原子比1：2の AB₂ 化合物が作る構造である．図2.14に示すように陽イオン
A^+ が作る面心立方格子の四面体空隙に陰イオン B^- が配列した構造である．し
たがって，陽イオンが陰イオン8個で立体的に取り囲まれ，陰イオンは4個の
陽イオンで四面体的に囲まれる．この構造は CaF₂ の他に CuF₂, CdF₂, PbF₂,
SrCl₂, BaCl₂, ZrO₂ などがある．

（4） 逆ホタル石型構造

上記の CaF₂ 構造において，陰イオンと陽イオンが入れ替わった逆ホタル石
型がある．この構造には Li₂O, Na₂O 等がある．

（5） ルチル（TiO₂）型構造

ルチルを代表とする AB₂ 化合物で表される構造で，単位格子が直方体であ
る．図2.15に示すように，Ti 原子が直方体の隅と中心にあり，O 原子は直方体

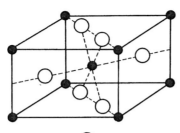

● Ti,　○ O　　　　　　　　図 2.15　ルチル（TiO₂）型構造

の上，下面の同じ方向の対角線上に4個（実質2個），この対角線と逆向きの，体中心を通る対角線上に2個ある．その結果 Ti 原子は6個の O 原子で囲まれ，O 原子は Ti 原子による正三角形に囲まれている．TiO_2 の他に SnO_2, MnO_2, NbO_2, MoO_2, WO_2, MgF_2 などがこの構造に属している．

（6）　コランダム（α-Al_2O_3）型構造

α-Al_2O_3 で代表され，A_2B_3 化合物で表現される構造である．Al_2O_3 の多形のうち，α-Al_2O_3 はコランダムと呼ばれるので，この構造をコランダム型という．O 原子が六方最密充塡した配列をし，Al 原子は O 原子による八面体間隙の 2/3 を埋めている．その占有の仕方は規則的であり，O 原子は4個の Al 原子に囲まれている．α-Al_2O_3 のほか，α-Fe_2O_3, Cr_2O_3, Ti_2O_3 などの酸化物がこれに属する．

（7）　スピネル（$MgAl_2O_4$）型構造

原子比 1：2：4 の酸化物 AB_2O_4 が作る構造である．図 2.16 に示すように，陰

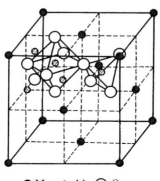

● Mg,　◐ Al,　○ O　　　　　図 2.16　スピネル型構造

イオン O^{2-} が面心立方格子をもち，その四面体空隙の 1/8 を A^{2+} イオン，八面体空隙の 1/2 を B^{3+} イオンが占める．この構造には $MgAl_2O_4$ のほか，$ZnFe_2O_4$，$FeAl_2O_4$，$CoAl_2O_4$，$ZnAl_2O_4$ などがある．

（8）　逆スピネル型構造

上記スピネル型構造において，Al^{2+} イオンと B^{3+} イオンの半数が八面体位置にあり，残りの B^{3+} イオンが四面体位置にある．逆スピネル型構造としては $FeMgFeO_4$，$FeNiFeO_4$ 等のフェライトがある．

（9）　ペロブスカイト（$CaTiO_3$）型構造

ペロブスカイト $CaTiO_3$ で代表される ABO_3 化合物が作る構造である．図 2.17 のように，O 原子は立方体の陽と四つの面の中心，残りの 2 面の中心には Ca 原子がある．Ca 原子は 12 個の O 原子に囲まれ，Ti 原子は平行な 4 本の辺の中央にあり，各 6 個の O 原子に囲まれている．

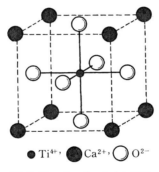

● Ti^{4+}，● Ca^{2+}，○ O^{2-}

図 2.17　ペロブスカイト構造

2.3.3　共有結合の結晶構造

（1）　ダイヤモンド構造

ダイヤモンドの結晶構造は炭素原子が sp^3 混成軌道を作り，正四面体的構造が結合全体に広がっている．またこの構造は，結晶格子を形成している炭素原子の半分が立方最密充填を作り，それによってできる四面体 4 配位の隙間の半分を，残りの炭素が占有している．ダイヤモンド構造をとるものに炭素と同族のケイ素 Si やゲルマニウム Ge，灰色スズがあり，いずれも結晶自体が一つの巨大分子と見なせる．化合物の例としては ZnS，$GaAs$ などがある．

（2）　閃亜鉛鉱（ZnS）型構造

この構造はダイヤモンド構造と極めて類似性があり，ダイヤモンド構造の炭素原子を交互に Zn 原子と S 原子で置き換えたものである（図2.18）．各原子はそのまわりの4個の原子と共有結合をする．陰イオンと立方最密充填を元に成り立っていて，低温型である．閃亜鉛鉱型構造をとるものには，ZnS の他に，CdS，CuCl，CuBr，β-SiC などがある．

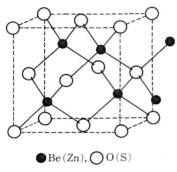

●Be(Zn)，○O(S)

図 2.18　閃亜鉛鉱（ZnS）型構造

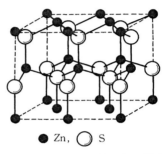

● Zn，○ S

図 2.19　ウルツ鉱（ZnS）型構造

（3）　ウルツ鉱型構造

ZnS のもう一つの多形がウルツ鉱である．図2.19に示すようにウルツ鉱型構造は六方最密充填をとる陰イオンの単位格子中の6個の四面体間隙位置の半分の位置に陽イオンが規則的に分布する構造をとる．ウルツ鉱（ZnS）が典型的なこの構造をとることから，この構造はウルツ鉱型構造と呼ばれている．BeO もこの構造をとる．

（4）　グラファイト型構造[7]

炭素のもう一つの変態であるグラファイト（石墨）は，図2.20のように炭素原子の sp^2 混成軌道によって，平面的層状構造をとる．グラファイトは六方格子をもつ唯一の元素である．窒化ホウ素（BN）は人工的に合成された物質である．この構造は，図2.21に示すが，グラファイトと類似している[8]．ホウ素と窒素はそれぞれ sp^2 混成軌道を作って結合している．ホウ素の π 軌道は空であるので，電子受容体になる．一方窒素の π 軌道は，電子供与体として作用する．BN はグラファイトのように電気を通さなく（耐熱性電気絶縁材として利用

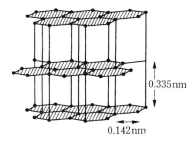

0.335nm

0.142nm

図 2.20 グラファイトの結晶構造

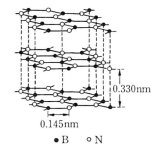

0.330nm

0.145nm

●B ○N

図 2.21 窒化ホウ素（BN）の結晶構造

される），潤滑性がよく，ホウ素を含むために中性子吸収断面積が大きい．BN は，工業的規模で国産化されてから約30年を経過しており，電子材料の分野で電気絶縁性，放熱特性などの機能が注目されて使用量が増加しつつある．

2.4　非晶質固体の構造[9]

　非晶質固体は，X線照射によって得られる回折線は次第にぼやけたものとなり，このような回折線は非晶質固体に特有なもので，原子の規則性がなくなった結果として現れる．このように原子の配列に周期性がないか，または長距離の秩序がない状態の固体が非晶質（アモルファス）である．表2.6に非晶質材

表 2.6　非晶質材料の種類

種　類	非晶質固体の例	化　学　組　成
無機ガラス	石英ガラス，板ガラス，光学ガラス	SiO_2, $Na_2O \cdot CaO \cdot SiO_2$, $La_2O_3 \cdot B_2O_3 \cdot ZrO_2 \cdot Ta_2O_5$
合金	軟磁性材料，アモルファス合金	$Fe_{74}Cr_6P_{13}C_7$, $Co_{70}Fe_5Si_{15}B_{10}$
非晶質半導体	アモルファスシリコン カルコゲナイドガラス	a-Si S, Se, As, Ge, $a-As_2S_3$, $As_{40}Se_{30}Te_{30}$
ゲル	シリカゲル シリカアルミナ(吸着剤)	SiO_2 $SiO_2-Al_2O_3$
無定形炭素	ガラスカーボン，カーボンブラック，カーボン膜	C
触媒	触媒活性アモルファス合金	$Fe_{20}Ni_{60}P_{20}$

料の種類を示す．非晶質は無定形物質（無定形炭素），ゲル（シリカゲル），ガラス状物質（酸化物，ガラス，フッ化物ガラス）およびアモルファス合金などの状態を指す．

　液体物質は，一般に温度が下がると，結晶の安定な状態に移ろうとする．しかし，物質により，または条件により不安定な状態を実現することができる．このような状態は過冷状態である．液体の過冷状態を作って，これを固化したのが非晶質状態である．正四面体構造の SiO_4 原子団が規則正しく配列せず，乱れている．図2.22は結晶とガラスの相違を層状構造として示したものである．図2.23に示すように，液体を冷却すると，二つの異なる経路を通って固体になる．一つはその物質の融点 T_m で結晶化する場合で，a→b→c→dの不連続な経路である．もう一つはbで結晶化せずに過冷却液体を経て，a→b→e→fを通ってガラス化する場合である．b→e（または $T_m→T_g$）の温度領域では，温度低下と共に液体の粘性が増し，eに達すると，固化しガラス化する．この温度をガラス転移点 T_g という．一般にガラス化する物質は T_g 付近の過冷却液体が 10^{13} ポアズの粘度をもつ．結晶化しない範囲で冷却速度を変化させると，より低い温度まで過冷却が続き（e→g→h），より密度の高いガラスが得られる．

　一般にアモルファスと呼ばれる材料は，通常の規則正しく原子配列した物質とその特性において大きく異なる．アモルファス金属材料は，金属，合金，化合物などの溶融した状態から超急冷すると得られる．このアモルファス金属は磁気特性，耐食性，強靱性などの多様な特性を与え，多くの分野で応用化，実

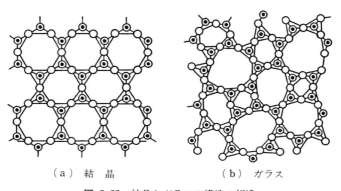

（a）結　晶　　　　　　　（b）ガラス

図 2.22　結晶とガラスの構造の相違

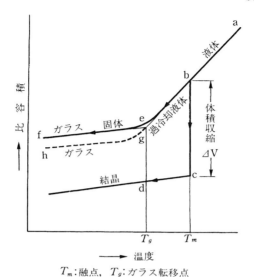

図 2.23　ガラス固体および結晶の比容積の温度変化

T_m：融点，T_g：ガラス転移点

用化に供している．アモルファス半導体も注目されている．高純度の単結晶シリコンでは大面積で，かつ加工性に富む安定性の高い半導体が得られている．これは太陽電池，薄膜トランジスタ，光センサなどに利用される．

演 習 問 題

2.1　ある結晶の (100) 面に波長 1.541 Å の X 線をあてて，第 1 次回折 X 線の極大を与える入射角 7° 85′ を得た．この面間隔を求めなさい．

2.2　面心立方格子の (100), (110), (111) の各面と [100], [110], [111] の各方向を図示しなさい．

2.3　塩化ナトリウム型構造（配位数 6）について陽イオンのまわりを陰イオンが取り囲み，互いにちょうど接触したときの半径比を計算しなさい．

2.4　ホタル石型およびペロブスカイト型の結晶格子を描きなさい．

2.5　金属間化合物のラーベス相およびヒューム・ロザリーの規則について説明しなさい．

2.6　ガラス転移点とは何か．

参 考 文 献

（ 1 ）　渡辺慈朗，斉藤安俊：基礎金属材料，共立出版（1979），p. 9.

（ 2 ）　バレット，ニックス，テテルマン著，井形直弘，堂山昌男，岡村弘之訳：材料
　　　　科学 I，培風館，p. 200.

（ 3 ）　武井英雄：金属材料学，理工学社（1977），p. 9.

（ 4 ）　金属学会編：金属便覧，日本金属学会（1990），p. 118.

（ 5 ）　柳田博明：セラミックスの化学，丸善（1993），2 章.

（ 6 ）　佐多敏之，田中良平，西岡篤夫：新しい工業材料，森北出版（1986），p. 108.

（ 7 ）　足立吟也：固体化学の基礎と無機材料，丸善（1955），p. 24.

（ 8 ）　宮島信夫：ニューセラミックス，地人書館（1994），p. 242.

（ 9 ）　古山昌三，村石治人：基礎無機固体化学，三共出版（1990），p. 45.

第3章
金属およびセラミックス 原料粉末の合成

　金属，酸化物，炭化物，その他黒鉛，ダイヤモンドなどの種々のセラミックスの原料粉末は，天然産の鉱石から直接製造される場合と金属や化合物などから種々の方法によって製造される場合とがある．しかし，一般的には金属の酸化物の還元，電解，機械的粉砕，溶湯粉化などによって，金属およびセラミックスの原料粉末を精製・製造している．

3.1　金属およびセラミックスの製錬・精製

3.1.1　原料鉱石

　金属の主たる原料は鉱石（ore）である．鉱石は地殻内に存在する鉱床を採掘して得られる．海水から金，マグネシウムを採ることが試みられ，これらは地殻の岩石に含まれる金属が海水に溶出したものに他ならない．隕石に鉄や鉄合金が含まれているが，量的にみて問題にならない．

　地殻内に金属がどの程度存在するかは，地質学者によって予測されているが，その地殻内の平均成分を表3.1に示す[1]．金属の産額は表3.1の成分量とは必ずしも一致しない．それは金属の地殻内での分布状態によって左右されるからで，生産される金属は地殻のある箇所に金属が濃縮して存在する鉱床を採掘して処理されるためである．また，金属が鉱床をなしていても，それを製錬することが困難か，あるいは工業的に採算がとれないために放置されていることもある．このように，金属製錬の原料は金属の濃縮したものとするが，これを鉱石と称する．したがって，鉱石とは1種あるいは数種の金属鉱物の天然集合体で，それを処理して金属を生産した場合，経済的な利益を得られるものと定義

表 3.1　地殻を構成する上位 10 種
の元素の割合

元　素	存在度[mass %]
1 位　O	49.4
2　　Si	25.75
3　　Al	7.51
4　　Fe	4.70
5　　Ca	3.4
6　　Na	2.64
7　　K	2.4
8　　Mg	1.94
9　　H	0.88
10　　Ti	0.58

表 3.2　主な金属材料の原料鉱石

	金属元素	原料鉱石	主　成　分
酸化物系鉱石	Al	ボーキサイト	$Al_2O_3 \cdot H_2O$,　$Al_2O_3 \cdot 3\,H_2O$
	Cr	クロム鉄鉱	$FeO \cdot Cr_2O_3$
	Ti	チタン鉄鉱，金紅石	$FeTiO_3$,　TiO_2
	Fe	磁鉄鉱，赤鉄鉱，褐鉄鉱	Fe_3O_4,　$Fe_2O_3 nH_2O$
	Si	ケイ石，石英，ケイ酸塩	SiO_2
	Mn	軟マンガン鉱，菱マンガン鉱	MnO_2,　$MnCO_3$
	Ni	珪ニッケル鉱	$(Ni,\ Mg)SiO_3 \cdot H_2O$
	Sn	スズ石	SnO_2
	W	灰重石，鉄マンガン重石	$CaWO_4$,　$(Fe,\ Mn)WO_4$
硫化物系鉱石	Ag	輝銀鉱	Ag_2S
	Cu	黄銅鉱，輝銅鉱	$CuFeS_2$,　Cu_2S
	Mo	輝水鉛鉱	MoS_2
	Co	硫コバルト鉱，砒コバルト鉱	Co_3S_4,　$CoAs_2$
	Ni	硫鉄ニッケル鉱	$FeS \cdot NiS$
	Zn	閃亜鉛鉱	ZnS
	Pb	方鉛鉱	PbS
自然金属	Cu	自然銅	
	Ag	自然銀	
	Au	自然金	

し得る．しかし，これが鉱石たりうるかどうかの判定は極めてむずかしく，地
質，鉱物，採鉱，冶金の専門的知識の他に，経済事情にも精通する必要がある．
　金属として，天然に産するものとしては Au，Ag，Cu，Hg，Pt のような元

素もあるが，大部分の金属は，酸化物，硫化物，炭酸塩，ケイ酸塩，硫酸塩，ヒ化物などの鉱物として産出する．地殻を構成する鉱物で経済的に採掘，選鉱，製錬しうる量の有価鉱物を含む鉱物混合体が鉱石である．Fe, Al, Cr などの金属鉱石は酸化鉱として産出するのに対し，Cu, Pb, Zn などの鉱石は硫化物として産出するものが多い．Fe, Co, Ni 当りの元素は酸化物としても，硫化物としても産出するが，重金属類は硫化鉱石が主であり，軽金属，卑金属類は酸化鉱石として産出する．表 3.2 に主な金属の鉱石鉱物を示す[2]．

3.1.2　金属の製錬

　金属の製錬は，鉄，アルミニウム，銅，錫，鉛などを対象として古くから行われてきた．

　一般に製錬操作は，燃料の燃焼や電熱などによる高温状態で行うことが多いが，これを乾式製錬または乾式冶金（pyrometallurgy）と呼ぶ．これに対して，常温付近で水溶液のような溶媒により抽出したり，置換したり，還元したりする化学的方法を湿式製錬または湿式冶金（hydrometallurgy）といい，低温の製錬方法である．以上のうち，電熱や電解を利用する製錬を電気冶金（electrometallurgy）という．

（1）　鉄鋼の製錬

　鉄の製錬は高温製錬で，その製錬過程は鉄鉱石を高炉で溶融還元し，銑鉄（pig iron）を得る工程の製銑（iron smelting）と，その溶融状態の銑鉄を転炉などに装入して，O_2 ガスを吹き込んで精錬して，高純度の鋼を作る工程の製鋼（steelmaking）に分けられる．図 3.1 に鉄鋼を製造する主な製鉄工程を示す[4]．

（a）　製銑法

　鉄鉱石から鉄を作るには，主に溶鉱炉（高炉）が使われる．この方法では純粋な鉄を得るのではなく，まず 3.5～4% 程度の炭素を含む銑鉄を得る．この銑鉄を作る過程を製銑という．

　内部を耐火レンガで作った高炉の炉頂から，原料となる鉄鉱石の粉粒焼結体と還元剤であるコークスと溶剤である石灰石とを順次投入し，排ガスを利用して予め熱した熱風炉を通した空気を，炉の下方の羽口から吹き込む．溶鉱炉の中では，コークスが燃えて 1500℃ 位の高温で鉱石が溶けて，一酸化炭素および

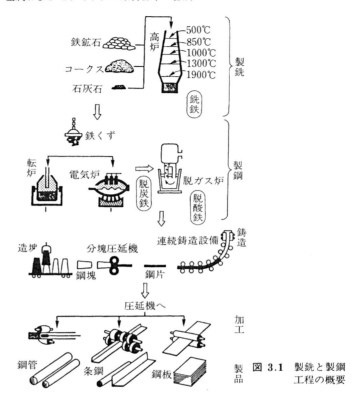

製鉄と製鋼
工程の概要

炭による次のような鉄鉱石の還元反応が起こる.

$$3\,Fe_2O_3 + CO \longrightarrow 2\,Fe_3O_4 + CO_2$$

$$Fe_3O_4 + CO \longrightarrow 3\,FeO + CO_2$$

$$FeO + CO \longrightarrow Fe + CO_2$$

炉底に溶けた銑鉄がたまり，鉱石中の SiO_2 分は石灰石の分解によってできた CaO と反応して，低融点の鉱滓（slag）となり，溶鉄上に浮いて分離される．しかし，SiO_2 の一部はコークスによって還元されて，1〜3% の Si として銑鉄に含まれる.

（b）製鋼法

銑鉄は 3〜4% C，1〜3% Si，1〜2% Mn のほか P，S を含み，純度が低いので，これをさらに精錬して純度のよい鋼を作ることを製鋼という．製鋼には，

平炉，電気炉，転炉が使われ，そのうち主に転炉製鋼によって，炉内におろしたランスより純酸素を吹き込み，不純物を酸化精錬する方法がとられている．精錬した溶鋼は Fe-Si，Al 等の脱酸剤を加えて脱酸した後，連続鋳造などによって，鋼塊（ingot）にする．鋼塊には脱酸の程度によって，リムド鋼塊，キルド鋼塊，セミキルド鋼塊などの種類がある．

（2） 非鉄金属製錬

硫化鉱を主原料とする非鉄金属製錬の場合には，その反応熱がエネルギー源となり，Cu 製錬では自溶炉といわれる炉もあるほどで，原料中に含まれる Au, Ag などの貴金属が目的金属に濃縮されて，回収できるという利点もあることから，乾式製錬が対象である．一方 Ni 製錬にみられるように，高品位の硫化鉱を原料とする時は，乾式製錬であったが，低品位の酸化鉱を対象とするようになってからは湿式製錬で行われる．Cu 製錬の場合も，酸化鉱を酸溶出・電解採取の湿式製錬方式をとっている．Zn 製錬では乾式・湿式の両製錬法が行われており，いずれの方式を採用するかは，電力費と燃料費の関係および要求されるその金属の純度などを検討して決める．表 3.3 に主な非鉄金属の製錬法を示す[5].

表 3.3 非鉄金属材料の製錬例

金属元素	原料鉱石	予 備 処 理	金属への還元・精錬
Al	酸化鉱	アルカリ浸出，化学分離（Al_2O_3）	溶融塩電解
Cu	硫化鉱	マット溶錬焙焼	転炉製錬
	酸化鉱	酸溶液浸出	電解
Ti	酸化鉱	塩化処理・化学分離	Mg，Na，Al 還元，溶解鋳造
Si	酸化鉱	化学分離	炭素・水素還元，熱分解，帯溶融
Pb	硫化鉱	焙焼・焼結	炭素還元，電解

3.1.3 セラミックス原料の精製

セメント，ガラス，耐火物などの従来の伝統的セラミックスは，プラントの規模は大きく，高度に計装化されているものの，反応そのものは単純で，天然鉱物をそのまま原料として用い，多量に生産されている．伝統的セラミックスの製造法における粘土の役割は大きい．陶器，食器，煉瓦，タイル，土管など

の製造では，粘土の性質は非常に大切である．シリカ SiO_2 は，ガラス，釉薬，ほうろう，耐火物，研磨材，磁器などの主要な構成成分である．シリカは水晶，珪石，砂岩，海砂などの形状で産出する．シリカの主な変態は，石英（quartz），トリジマイト（tridymite）およびクリストバライト（cristbalite）である．今までのセラミックスの原料粉末は，一般に天然に産出する鉱物と粉砕した天然原料そのものを使用していた．

　しかしながら，今日では純度の高い原料が要求されるようになり，そのために天然原料は物理化学的処理によって，高純度に精製された人工原料として使用されるようになった．特にファインセラミックスとかニューセラミックスと呼ばれるセラミックスは，厳密に精製した合成原料を用いて製造された製品で，高度に制御された組成と構造をもっている．その物理化学的処理による高純度の精製，すなわち，良質の原料粉末を得ることであり，それらは気相，固相，あるいは液相の反応によって合成され，必要に応じ精製され，製造されてきている．

3.2　ブレークダウン法とビルドアップ法

　粉末の製造法には，原料鉱石の大きな粗粒子を細分化（粉砕，分散）していくブレークダウン法（break-down process）と，目的とする粉体粒子の構成原子・分子を出発原料として，気体，液体，固体中から核を析出させ，これを粒径増大化していくビルドアップ法（building-up process）がある[6]．ブレークダウン法は粗粒子の機械的粉砕で微粉体を得る方法で，大量処理が可能であるが，1 μm 以下の微粒子を効率よく製造するのは困難で，粉砕過程で不純物の混入がある．ビルドアップ法は，イオン，原子から核生成と成長の二つの過程によって粒子を作る方法で粒径 1 μm 以下の微粒子が得られ，電子材料やニューセラミックスなどの高機能を目標とするファインセラミックスの原料粉末の製造には適しているが，量産が難しく経済的には高付加価値・機能性粉末の製造に向いている．

　ブレークダウン法では固体のまま細分化するか，溶融して，いったん液体にしてから細分化するかによって粉砕と分散に分かれる．また，細分化が液相中

か気相中で行われるかによって，湿式法か，乾式法かに分類される．特に機械的粉砕はエネルギーの伝達法，装置の形状によって細分類される．噴霧法は，いわゆるアトミゼーション（atomisation）とかスプレイング（spraying）と呼ばれ，固体を溶融して液体にし，これを微細な液滴に分散してから冷却して，再び凝固する方法で，金属や合金粉末に広く用いられる．

ビルドアップ法では，出発原料の状態によって，気相法，液相法，固相法に分類される．核の析出・成長に化学反応が伴うか否かによって，化学的方法と物理的方法に分けられる．この方法では，原子，分子の拡散によって支配されるプロセスであるため，拡散の速い気相法では，粒子は極めて迅速に生成されるが，液相法，固相法の順に粒子の生成は長くなる．

表3.4に，ブレークダウン法とビルドアップ法の分類による各種粉末の主な製造方法と得られる粉末の形状を示す．

表 3.4　主な粉末製造法と得られる粉末の形態

生成プロセス	方　　法	主な製造粉末	粉末の形態
ブレーク ダウン法	機械的粉砕法 　ボールミル 　渦流ミル	Fe, Cr, Mn, W, Mo, 炭化物 Cu, Fe, Ni, Al_2O_3	角状，片状 粒状
	分散法（溶湯粉化） 　噴霧法 　衝撃法 　粒状化法	Fe, Cu, Al, Al_2O_3, ZrO_2 W, Fe_3O_4, PbO, Fe, Cu, Al Al, Cu, Pb, Sn, Zn, Cu 合金	球状 球状，液滴状 ―
ビルド アップ法	気相法 　蒸発・凝縮 　ガス還元	Zn, Cd, Mg, ZnO, Al W, Mo, Fe, Ni, Co, Cu	球状 海綿状
	液相法 　電解析出 　有機溶媒	Cu, Pt, Ag, Pb, Mn, Cr Ag, Au, Co, Fe, Ni	樹枝状 球状の超微粒子
	固相法 　固体還元 　熱分解	Ti, Ta, Nb, Cr, V, Zr Fe_2O_3, Al_2O_3, Fe, Ni, Ag	海綿状 海綿状，粒状

3.3　気　相　法

　成分蒸気の凝縮や気体成分の化学反応によって各種形態の固体を析出させることができる．粒子生成法としての気相法には，蒸発・凝縮法および気相反応法とがある．それらの方法で生成できる粒子の例を表3.5に示す[7]．

表 3.5　気相における粒子生成の例

生成方法	生成粉末の例
1．蒸発・凝縮	
a．蒸発・凝縮	Zn, Cd, Ag, Al, Ni, Fe
b．スパッタリング	金属合金，酸化物，窒化物，硫化物など
2．気相における化学反応	ZnO, CdO, MgO
3．化合物蒸気の熱分解	
a．金属カルボニルの熱分解	Fe, Ni
b．ハロゲン化金属の熱分解	Al, Ti, SiO_2, TiO_2, Al_2O_3, Fe_2O_3
c．炭化水素の熱分解	カーボンブラック

［出典：高田利夫：粉体 理論と応用　久保輝一郎他編　丸善］

3.3.1　蒸発・凝縮法

　この方法は，原料を抵抗加熱，高周波加熱，アーク熱，プラズマ加熱など，気化させてマークやプラズマフレーム中の大きな温度勾配によって急冷し，微粒子を得る方法である．また，金属を 0.01〜数百 Torr の He, Ar, Xe の不活性ガス中で蒸発させ，Be, Mg, Al, V, Cr, Mn, Fe, Co, Ni などの超微粒子が製造されている．金属超微粒子の平均粒径 d とガス圧 P との間には

$$d = KP^{1/3} \qquad (3 \cdot 1)$$

が成立し，K はガスの種類，金属源の種類と温度によって異なる定数である．また，スパッタリング法は，高融点の金属，合金，酸化物，窒化物，硫化物，水素化物などの薄膜の製法として利用されているが，真空内に活性ガスを導入すると，陰極物質がこの活性ガスと反応して酸化物などの微粒子が生成する．

3.3.2　気相反応法

　気相化学反応には，金属蒸気を気相中で，酸化，窒化などの直接反応を起こ
させ，これを凝縮して酸化物，窒化物の粒子を作る方法と化合物蒸気の熱分解
による方法とがある．ZnO，CdO，MgO 粉などは，加熱溶融した，その金属蒸
気をノズルより噴出させ，空気と接触させて酸化させる方法で量産されている．
　気相反応で粉体が合成できるのは，平衡定数が大きい場合で，このとき，反
応ガス単位体積当たりの粒子生成数 N，生成粒子の直径 D，気相の金属源の濃
度 C_0 との間には

$$D = \left(\frac{6}{\pi} \frac{C_0 M}{N\rho} \right)^{1/3} \tag{3・2}$$

の関係がある．M は生成物の分子量，ρ は生成物の密度である．粒子の大きさ
は反応温度によって制御できる．
　Fe, Ni などの金属カルボニルを蒸発・熱分解させて，金属粉を作ることができ
き，また Si，Al，Ti，Fe などの塩化物を酸化水素炎中などで加熱すると，化合
物蒸気が熱分解し，それぞれの酸化物の微粉末が得られる．また，それらハロ
ゲン化物を還元性あるいは不活性ガス中で熱分解すると，金属微粒子が得られ
る．

3.4　液　相　法[7]

　液相からの粉体製造には，液相から原子，分子あるいは重合体など，凝集し
て粒子を得る溶液法と，金属や酸化物の融液を噴霧する方法などがある．その
手法は液相中で過飽和状態を作り，粒子を析出させる沈殿法と溶液を気相中で
微粒化し，溶媒を除去して粒子を析出させる溶媒除去法（噴霧法）である．

3.4.1　水溶液からの沈殿析出

　水溶液の沈殿反応や析出反応によって粒子を生成する例として，金属，酸化
物，無機化合物，有機化合物，高分子化合物などの粉末がある．
　（ⅰ）　金属塩の水溶液に還元剤を加える方法

$$\text{Ag}_2\text{O} + \text{H}_2 \longrightarrow \text{Ag} \quad (\text{AgNO}_3 \text{水溶液に NaOH を加えた沈殿に}$$
$$\text{熱湯を加え, この溶液に H}_2 \text{ガスを通す})$$

（ii）　化学反応による方法

$$\text{Fe(NO}_3)_3 + \text{NaOH} \longrightarrow \alpha\text{-Fe}_2\text{O}_3$$

$$\text{FeSO}_4 + \text{Fe}_2(\text{SO}_4)_3 + \text{NaOH} \longrightarrow \text{Fe}_3\text{O}_4$$

$$\text{NiSO}_4 + \text{Fe}_2(\text{SO}_4)_3 + \text{NaOH} \longrightarrow \text{NiO} \cdot \text{Fe}_2\text{O}_3$$

（iii）　溶解度の差を利用する方法

たとえば，硫黄をアルコールに溶かし，硫黄を析出させて，微細な粒子を得る.

（iv）　イオン化傾向の差を利用する方法など

3.4.2　電解反応による粒子の生成

金属塩の水溶液や金属の溶融塩の電解で金属や酸化物，水酸化物の粉末を得る.

3.4.3　溶湯噴霧法

金属を溶融し，これを微粉化して粉末を生成する溶湯微粉化法は，粒化法，

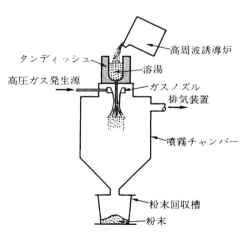

図 3.2　ガス噴霧法（400 kg 溶解規模）
[出典：日本金属学会会報，Vol. 28 (1989)，No. 12]

衝撃法および噴霧法の3種類がある. それぞれの方法で, 生成粒子の形状や粒
度が異なる. そのうち溶湯噴霧法による粉末の製造技術が進歩してきている.
溶湯噴霧法には水噴霧法, ガス噴霧法, および遠心噴霧法がある. 図3.2にガ
ス噴霧法の概略を示す[8]. ガス噴霧も, 水噴霧におけると同様, 高周波誘導炉な
どで合金を溶解し, 直径数 mm のノズルから落下する溶湯に, 数 MPa の不活
性ガスを吹きつけることによって製造される. ガス噴霧によって作られる粉末
は表面酸化が少なく, 一般に球状となる.

3.5 固 相 法

固相から粒子を生成する方法として,
① 塊状固体を機械的あるいは化学処理によって微細化し, 粉末とする方法
② 固体塩の還元, 熱分解などの反応によって, 生成物が原子や分子の凝集
    によって生成する方法
とがある. 表3.6に生成方法と生成粉末の例を示す[7].

表 3.6 固相から生成する粒子の例

生 成 法	生成する粒子の例
1. 機械的粉砕	金属, 酸化物, その他化合物
2. 化学的微粉化 　a. 粒間腐食 　b. 合金分解	 ステンレス鋼粉など ラネーニッケル粉など
3. 固相の化学反応 　a. 酸化など 　b. 固相反応	 CuO など金属酸化物粉 フェライト粉, チタン酸バリウム粉など
4. 固相の熱分解 　a. 還元法 　b. 熱分解法	 Fe, Cu, W など金属粉 Fe_2O_3, NiO など酸化物粉

[出典：高田利夫：粉体 理論と応用　久保輝一郎他編　丸善]

3.5.1　機械的粉砕法

塊状固体を機械的に粉砕して粉末を作る方法で, 古くから広く利用されてい
る. 粉砕はもろいものに対して適用されるのが普通で, 金属粉の製造に適用す

るのは特殊な場合である．炭化物の粉砕の場合，仕上げの微粉砕はボールミルで行うが，その前段階の粉砕には，ジョークラッシャー，ハンマーミル，ロッドミルなどの粗粉砕機が使われる．

3.5.2　固相反応法

A，B 2種あるいは2種以上の粉末を混合して，加熱し，固体間反応により化合物を得る方法であって，各種フェライト，チタン酸バリウムなどの粉末が，この方法で作られる．例として，フェライト粉について述べる．原料混合粉を1000℃〜1300℃ に加熱して得る．

$$BaCO_3 + 6\,Fe_2O_3 \longrightarrow BaO\cdot6\,Fe_2O_3$$
$$NiO + Fe_2O_3 \longrightarrow NiO\cdot Fe_2O_3$$

このようにして得られるフェライト粉は，加熱焼結で得ており，これを粉砕して用いる．

3.5.3　熱分解法[9]

これは金属化合物の固相の熱分解によって，金属や酸化物の粉末を得る方法である．これらの粉末は特に実用上多種類のものが使用されており，その生成粉の形態や粒成長に特徴がある．

演 習 問 題

3.1　製銑と製鋼について説明しなさい．
3.2　キルド鋼，リムド鋼，セミキルド鋼の相違について記しなさい．
3.3　ブレークダウン法とビルドアップ法について記し，それぞれの特徴を述べなさい．
3.4　溶湯噴霧法による粉末製造方法の種類を挙げ，その説明と得られる粉末形態の特徴について記しなさい．

参 考 文 献
（1）　飯田修一他：新版　物理定数表，朝倉書店（1978），p. 379.

（ 2 ）　真嶋宏：非鉄金属製錬，日本金属学会，矢沢彬編（1980），p. 14.

（ 3 ）　大谷正康編：鉄鋼製錬，日本金属学会（1979），p. 99.

（ 4 ）　門間改三，須藤一：鉄鋼材料とその熱処理，日本金属学会（1969）p. 13.

（ 5 ）　矢沢彬：非鉄金属製錬，日本金属学会（1980），p. 4.

（ 6 ）　神保元二：粉体 その機能と応用，日本規格協会（1991），p. 23，p. 33.

（ 7 ）　高田利夫：粉体　理論と応用，久保輝一郎他編，丸善（1979），第 1 章.

（ 8 ）　加藤哲男：日本金属学会会報，第 28 巻（1989），No. 12，p. 977.

（ 9 ）　白崎信一，加藤昭夫：セラミックス材料プロセス，オーム社（1987），p. 36.

第4章
高温材料加工プロセス[(1),(2),(3)]

　粉末焼結は，今日実用されている代表的な高温加工法の一つである．焼結加工を有効的に実施するためには，他の高温加工法について基本的に理解すると共に，個々の加工法における特徴，利点などを把握している必要がある．図4.1に高温加工法による製造工程を，固相反応での加工（焼結工程）と溶融－凝固反応での加工（溶解鋳造工程）プロセスとに対比・図式化したものである．主に金属材料に対して行われている製錬・精錬，溶解・鋳造，塑性加工，熱処理，溶接接合プロセスは，焼結工程と共に今日最も重要な加工法である．この章では，焼結工程以外の高温加工プロセスに関する基礎知識を得るために，溶解鋳造，塑性加工および熱処理プロセスの基本原理について概説する．

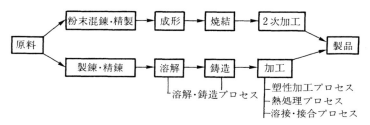

図 4.1　高温材料加工プロセスの焼結工程と溶解・鋳造工程の対比

4.1　溶解・鋳造プロセス[(4),(5),(6)]

　固体の金属を所要の組成をもった溶湯に変える工程を溶解といい，この金属の可溶性を利用して溶解したのち，鋳型に鋳込み，大型部品や複雑な形状の機械部品などの鋳物をつくる工程を鋳造という．鋳物の作り易さを鋳造性といい，溶湯の流動性や収縮性などを含んだ性質である．金属が鋳造されるためには，

溶解温度ができるだけ低いことが望ましく，溶融金属（これを湯と呼ぶ）の流
動性がよいこと，溶解するときのガスの吸収が少ないことが重要な条件になる．
したがって，どんな金属でも鋳造できるということではない．他の元素を多く
含んでいるものほど，鋳造しやすく，純金属に近いものは，鋳物は作りにくい．
金属を溶解し，鋳型に鋳造して，凝固させるというプロセスは，液体から固体
への大きな変態を伴う．この時に起こる体積変化やガス成分，合金成分の溶解
度変化は，十分な対策を講じなければ鋳造欠陥を生じる．炭素が 1.7% 以下の
鋼に比べて，2.5～4.5% の炭素を含む鋳鉄は鋳造性がよく，鋳造がしやすい．
7-3 黄銅（Cu-30% Zn 合金）よりは 6-4 黄銅（Cu-40% Zn），ジュラルミン（Al-
4% Cu-0.5% Mg）よりはシルミン（Al-12% Si 合金）のほうが鋳造性に富むの
は，純金属に近いものより他の元素を多く含むものほど鋳造しやすいためであ
る．図 4.2 に溶解・鋳造加工の工程を示す．

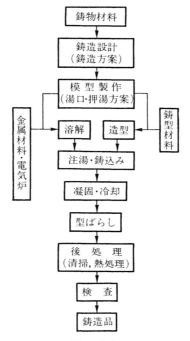

図 4.2　溶解・鋳造加工の工程

4.1.1　溶　解

　金属を溶解するにはキュポラ，誘導電気炉，アーク炉などが用いられる．鋳鉄の溶解は主としてキュポラと誘導電気炉で行われている．すなわち，キュポラでは，炉内での製錬効果が大で，加硫，加炭，加ケイ（珪），および Pb，Zn などの除去が期待できるが，電気炉ではこれらの作用は極めて低い．図4.3は鋳鋼の溶解に最もよく利用されているエルー式アーク炉である．耐火レンガを内張りした炉内で地金を装入し，黒鉛製電極との間に高温アークを発生させ，溶解・精錬を行うものである．

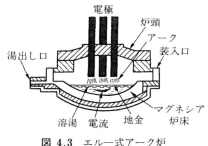

図 4.3　エルー式アーク炉

4.1.2　鋳造方案

　鋳造作業は，鋳型を作る造型工程と，金属を融解する溶解工程とがある．いかに良質の原材料を用い，優れた材質が得られる溶湯を作っても，これだけでは健全な鋳物を作ることはできない．目的に合った鋳物を作るためには，溶湯を鋳型に導く技術，いわゆる鋳造方案が重要である．この鋳造方案は，

　①　鋳型の空隙に溶湯を静かに完全に流入させる湯口方案
　②　液体金属の凝固に伴う体積収縮を補完し，所定の形状を得ることの押湯
　　　方案

からなる．湯口方案は湯口，湯道内での流速の問題，すなわち，最適な鋳込時間の把握であり，押湯方案は凝固時の収縮で不足する溶湯を補う手段，すなわち押湯が不可欠で，引けの防止などに大切である．

4.1.3　主な鋳造法

　目的に合った鋳物を作るためには，溶湯を鋳型空隙部に導く技術（模型・鋳型）と鋳型内に空隙部を作る技術（造型），目的の金属を溶融状態にして鋳型に鋳込む技術（溶解・鋳造），凝固した鋳物を仕上げる技術（鋳仕上げ）がある．鋳造法別の分類としては以下の通りとなる．

①　砂型鋳造法：生型鋳物，乾燥型鋳物

②　金型鋳造法：普通金型鋳造法，ダイカスト法

③　遠心鋳造法：砂型，金型

④　特殊鋳造鋳物：シェルモールド，インベストメント法，石こう型鋳物，ダイカスト法，ショウプロセス鋳物，ガス型鋳物

（1）　砂型鋳造法

　鋳型に鋳物砂を使うのが，砂型鋳造法である．鋳物砂には山砂，半合成砂，合成砂の3種類ある．砂に粘結剤として，ベントナイトを加え，これに水を添加して成形性をもたせた砂型を生型という．生型に使用する型砂は，粘土分10％前後含有した天然の山砂や，けい砂にベントナイト5〜6％配合した半合成砂が用いられる．生型を乾燥して水分を除去した鋳型を乾燥型という．これらは梵鐘や鉄瓶，茶の湯釜の鋳型に用いられる．山砂を全く用いず，けい砂などの原料砂に粘結剤と添加剤を配合した砂を合成砂という．これは鋼鋳物や耐圧鋳物に用いられ，機械化された多量生産に適する．

（2）　金型鋳造法

　鋳型に鋼，鋳鉄，銅合金などの金属を用いた方法で，砂を使用しないため，作業の環境がよく，自動化が可能で，高品質の鋳物ができる．そのうち広く利用されているダイカスト法（die cast process）は，30〜200 MPaの高圧で金型に溶湯を注入し，凝固させる鋳造法である．ダイカストマシンには熱加圧室式と冷加圧室式がある．前者は溶湯は空気にあまり触れず，酸化が少なく，生産性は高く，熱損失が少ないなどの利点がある．亜鉛合金と錫合金などの低融点の合金に適している．後者は射出時に空気を巻き込み，酸化皮膜が生じやすく，製品の強度を低下させる．高融点の黄銅，Al合金，Mg合金などに用いられている．

（3）　インベストメント（ロストワックス）鋳造法

融点の低いろうで作った原型のまわりを，けい砂と石こうなどの耐火性の材料でつつみ固めたのち，原型のろうを融解して，これを流出させて鋳型を作る方法をインベストメント鋳造法と呼ぶ．この方法は，複雑な形状のもので鋳型を分割することなく，正確にでき，鋳肌も美しく，寸法精度も高いが，製作工程がめんどうで，耐火性材料に費用がかかる．

（4）　シェルモールド鋳造法

けい砂に熱硬化性のプラスチックを混ぜたレジン砂を，加熱した金型にふりかけて硬化させ，上下二つ割りの薄い貝がら状の鋳型を作り，この二つの鋳型を組み合わせて鋳造する方法をシェルモールド鋳造法と呼んでいる．金型にはアルミニウム合金，銅合金などを用いる．この鋳造法は，寸法精度も高く，通気性がよいので，失敗が少なく，大量生産に適する．

（5）　遠心鋳造法

鋳型の一軸を高速で回転しながら，溶湯を注入して，溶湯に遠心力による高い圧力を起こさせて，溶湯中に介在する不純物を分離・浮上させたり，凝固収縮に対する押湯の効果を大にして，良質の鋳物を得る方法である．なお，遠心鋳造法は，普通の鋳造法と比較して，一般に機械的性質の向上が認められる．

4.1.4　鋳物の凝固過程

鋳物の凝固は，極めて短時間である．鋳物の結晶組織は，この短い時間内で決まる．この間に鋳造品の収縮巣，気孔，割れ，その他いろいろな欠陥が生じる．

（1）　過冷と核生成

溶融している金属の原子は熱のエネルギーにより，自由な運動をしており，溶融温度が高い程その運動も盛んである．つまり金属の流動性がよいことになる．溶融金属の温度が下がるにつれて，原子の運動も衰え，行動範囲も次第に小さくなる．そして，液体が固体結晶に変化する，いわゆる凝固は核生成とその成長によって進行する．その凝固過程において，通常の凝固点で凝固が開始せず，それより低い温度で凝固し始める．理論上と実際の凝固温度の差を過冷度といい，その融点以下の融液を過冷液体という．

　球形の核生成において，半径 r とし，その自由エネルギー変化を ΔG とすると，

$$\Delta G = 4\pi r^2 \sigma + \frac{4}{3}\pi r^3 \Delta G_v \qquad (4\cdot1)$$

ここで，σ は表面エネルギー，ΔG_v は単位体積自由エネルギー差で第1項目は表面自由エネルギー変化，第2項目は体積自由エネルギー変化を示す．式($4\cdot1$)を微分して，0とすると

$$r^* = -\frac{2\sigma}{\Delta G_v} \qquad (4\cdot2)$$

図4.4に示すように，粒半径 r^* に達すると，安定な核として成長できるが，これに達しないものは不安定で消滅する．その意味で r^* を臨界半径という．工業的には，ほとんど不均一核生成であるが，もし不純物を完全に除いて過冷度を求めると，$\approx 0.2\,T_m\,[\mathrm{K}]$（$T_m$ は融点）程度である．

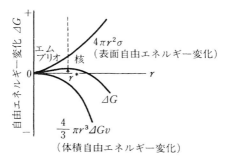

図 4.4 半径 r の球状核発生に伴う
自由エネルギー変化

（2）　純金属および合金の凝固

　図4.5(a) に示すように，純金属の凝固には，液相中の温度勾配が正で，熱が一方向に流れる場合，固・液界面はマクロ的に平滑となり，安定界面型成長を示す．他方，図4.5(b) に示すように，液相中の温度勾配が負のときは，界面は熱的過冷が存在し，偶然突起（spike，針状晶）が発生し，不安定型成長となる．その過冷が著しいと，図4.6のように，スパイクの尖端での界面は主界面より過冷度の大きい液相と接して，スパイクはさらに発達し，デンドライトが生成される．またスパイクにより発生した融解潜熱は，主界面の過冷度を減少

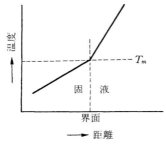

（a）温度勾配が正の場合

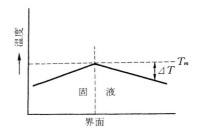

（b）温度勾配が負の場合

図 4.5　液体における温度勾配正負の場合の成長

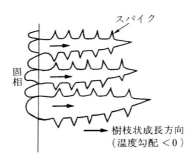

図 4.6　スパイク発生とデンドライト生成

させ，主界面の成長速度は遅くなる．

C_0 組成の融液が，その組成での液相線温度 T_1 より少し低い温度 T まで冷却したとすると，その温度で平衡を保って共存する固相と液相の濃度は，C_S と C_L である．この濃度比を平衡分配係数といい，k_0 で示される．

$$k_0 = \frac{C_S}{C_L} \qquad (4 \cdot 3)$$

合金の凝固で最も重要なものの一つは，非平衡条件で晶出されつつある固体の組成が，凝固しつつある液体のそれと異なるために，固・液界面前方の液相中に図4.7の C_L で示すような濃度勾配が存在することである．この溶質分布曲線は次式で表される．

$$C_L = C_0 \left[1 + \frac{1-k_0}{k_0} \exp\left(-\frac{R}{D} x \right) \right] \qquad (4 \cdot 4)$$

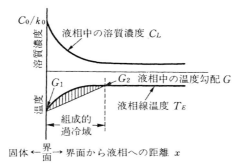

図 4.7 凝固しつつある界面の液相側での
溶質濃度と液相線温度

ここで，x は固・液界面前方を液相中に測った距離，C_0 は液相中の原溶質濃度，C_L は x 点での液相中の溶質濃度，R は界面の移動速度，および D は液相中の拡散係数を表す．このように液相中に濃度勾配があると，平衡の凝固温度 T_E は図 4.7 に示されるようになる．一方，界面前方の真の温度 T は，図の G のように直線的に増加するから，結局斜線の範囲は液の温度が正常な凝固温度以下，すなわち過冷状態にある．これを特に組成的過冷と呼ぶ．合金の場合は熱的過冷の他に，組成的過冷が負の温度勾配になり，デンドライトの生成要因となる．

4.1.5　主な鋳造材料

鋳造用材料として，最も広く用いられるのは鋳鉄鋳物で，ついで鋼鋳物（鋳鋼品），非鉄合金鋳物である．

（1）　鋳　鉄

鋳鉄には，白鋳鉄，ねずみ鋳鉄，球状黒鉛鋳鉄，可鍛鋳鉄，合金鋳鉄などがある．鋳鉄は炭素 2.0% 以上とシリコン 2.0% 前後含有する Fe‒C‒Si の合金である．C が全部セメンタイト Fe_3C として存在する鋳鉄は，破面が白色であるため白鋳鉄といい，C の大部分が黒鉛として晶出したものは破面がねずみ色をしているので灰銑といい，ねずみ鋳鉄と呼ぶ．また，両者がまだらに存在しているものをまだら鋳鉄という．

図 4.8 は，鋳鉄中に現れる片状黒鉛から球状黒鉛までの黒鉛形態を分類した

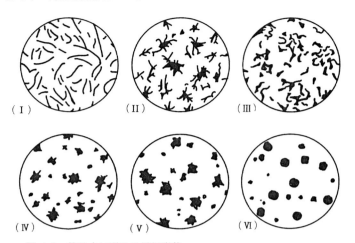

図 4.8　鋳鉄中に現れる黒鉛形態
[出典：井川克也他著，材料プロセス工学，朝倉書店]

ものである[2]．形態（Ⅰ）は片状黒鉛で板状の黒鉛を示し，形態（Ⅱ）は球状黒鉛鋳鉄を製造するときに，Mg などの黒鉛球状化剤の添加が過剰の場合に現れやすい先端の尖った黒鉛，形態（Ⅲ）は黒鉛球状化剤が不十分のとき現れる擬片状黒鉛で，いわゆる CV 黒鉛鋳鉄である．形態（Ⅳ）は可鍛鋳鉄に現れる塊状黒鉛で，形態（Ⅴ）は球状に近い擬球状黒鉛，形態（Ⅵ）は完全な球状黒鉛である．

　図 4.8 に示した黒鉛形状の分類中，形態（Ⅰ）の黒鉛をもった鋳鉄が，片状黒鉛鋳鉄で，JIS 規格ではねずみ鋳鉄品として，表 4.1 のように 1 種から 6 種まで分類されている．鋳鉄の強度を支配しているのが，鋳鉄中の黒鉛であり，黒鉛の量は，鋳鉄の化学成分と密接な関係がある．これらの成分と鋳鉄の性質との関係を知るために，炭素当量または炭素飽和度が使われる．

$$炭素当量(CE) = C\% + (Si\% + P\%)/3 \qquad (4・5)$$

$$炭素飽和度(S_c) = C\%/[4.23 - (Si\% + P\%)/3] \qquad (4・6)$$

　これらの式で，$CE = 4.3$，または，$S_c = 1$ の組成を有する鋳鉄を共晶鋳鉄，これ以下を亜共晶鋳鉄，これ以上を過共晶鋳鉄という．また強度との関係は

$$引張強さ MPa \quad \sigma_B = 1000 - 809 \times S_c \qquad (4・7)$$

$$ブリネル硬さ \quad HB = 530 - 344 \times S_c \qquad (4・8)$$

表 4.1　ねずみ鋳鉄品の機械的性質（JIS G 5501）

種　　類	記　　号	供試材の鋳放し直径 mm	引張強さ N/mm^2 {kgf/mm²}	抗　折　性		ブリネル硬さ HB
				最大荷重 N {kgf}	たわみ mm	
1　種	FC 100	30	100 以上 {10 以上}	7000 以上 { 713 以上}	3.5 以上	201 以下
2　種	FC 150	30	150 以上 {15 以上}	8000 以上 { 815 以上}	4.0 以上	212 以下
3　種	FC 200	30	200 以上 {20 以上}	9000 以上 { 917 以上}	4.5 以上	223 以下
4　種	FC 250	30	250 以上 {25 以上}	10000 以上 {1019 以上}	5.0 以上	241 以下
5　種	FC 300	30	300 以上 {31 以上}	11000 以上 {1121 以上}	5.5 以上	262 以下
6　種	FC 350	30	350 以上 {36 以上}	12000 以上 {1223 以上}	5.5 以上	277 以下

備　考　1種については，機械試験を省略することができる.

$$HB = 100 + 0.44\sigma_B \qquad (4 \cdot 9)$$

上式から，鋳物の化学組成がわかれば，その引張強さおよび硬度の標準値を知ることができる．片状黒鉛鋳鉄は振動を吸収する能力，すなわち，減衰能が鋼の 6〜7 倍，アルミニウムの 12 倍の値を有する．また，引張強さに比べて，圧縮強さは 3〜4 倍で強く，機械加工性もよく，安価であるので，機械部品に広く利用されている．

　球状黒鉛鋳鉄は，形態（VI）の黒鉛をもった鋳鉄で，ダクタイル鋳鉄またはノジュラー鋳鉄と呼ばれている．JIS（G 5502）では，FCD 370〜800 の 7 種類を規定しており，記号 FCD（Ferrum Casting's Ductile）はダクタイル鋳鉄品の略である．球状黒鉛鋳鉄のうちで，パーライト組織のものは，高圧ポンプ，歯車，クランク軸，カム軸，ピストンピン，ロールなどの強度と耐摩耗性を必要とする機械部品に，フェライト組織のものは，インゴットケース，化学工業用機械類などに用いられる．また，球状黒鉛鋳鉄をオーステンパー処理により，マトリックスをベイナイトとした，オーステンパ・ダクタイル鋳鉄（ADI）と呼ばれる高強度，高靱性，耐摩耗性を有する球状黒鉛鋳鉄が，特に注目され，今後の発展が期待されている．

（2）　アルミニウム合金鋳物

Alは比重 2.7 と軽い点が特徴で，Cu，Fe に比べると，比較的新しく，航空機，自動車の発達につれて，Al を基本とした合金が急速に発達してきた．現在用いられている鋳造用合金は，Al-Cu 系，Al-Cu-Si 系，Al-Si 系，Al-Si-Mg 系および Al-Mg 系などであり，表 4.2 に主な Al 合金鋳物の種類と特性を示した．強度の必要性の場合は，Al-Cu 系を用い，鋳物の形状が複雑で，流動性を必要とする場合には，Al-Si 系を，また耐食性を必要とする場合には Al-Mg 系を用いる．

表 4.2　主なアルミニウム合金鋳物（JIS 規格）

JIS Al 合金鋳物	合金系	合金名	特　　　性
1 種 A（AC 1 A）	Al-Cu	AA 295.0	
2 種 A（AC 2 A）	Al-Cu-Si	ラウタル	鋳造性がよい
3 種 A（AC 3 A）	Al-Si	シルミン	微細組織
4 種 A（AC 4 A）	Al-Si-Mg	ガンマーシルミン	時効硬化性，耐食性
5 種 A（AC 5 A）	Al-Cu-Ni-Mg	Y 合金	耐熱性，Fe と Ti 添加で RR 合金
7 種 A（AC 7 A）	Al-Mg	ヒドロナリウム	耐食性合金
8 種 A（AC 8 A）	Al-Si-Cu-Ni-Mg	ローエックス	低熱膨張係数

（a）　Al-Cu 系合金

AC 1 A（Al 合金鋳物 1 種 A）のように Al に Cu を 4～5% 添加した Al-Cu 合金鋳物は，溶体化焼入れ後，約 160℃ に加熱して用いられる．Al-Cu 合金に Si を 4～7% 添加した Al-Cu-Si 系合金では鋳造性がよい．AC 2 A，2 B に相当するラウタル（lautal）と呼ばれる合金はこの系に属し，これは特に金型鋳物に適している．Al-Cu 合金に Mg 約 1.5%，Ni 約 2% 添加した Al-Cu-Ni-Mg 系合金は Y 合金と呼ばれ，高温強度に優れているので，内燃機関のピストン，シリンダーヘッドなどに用いられる．

（b）　Al-Si 系合金

鋳物用 Al-Si 系合金の実用範囲は Si 量約 14% までである．シルミン（AC 3 A）が，この系の合金で極めて鋳造性がよく，耐食性もある．シルミンに Mg を

1% 以下を加えて，Mg_2Si の析出による時効で，機械的性質の向上をねらったものが，ガンマシルミン（AC 4 A）である．また，Cu を加えた含銅シルミン（AC 4 B）もあり，熱処理により機械的性質を向上させている．シルミンに Ni を加えると，高温強さが高くなる．したがって，3% 以下の Ni を Cu，Mg と共に加えた合金は，耐熱性，耐摩耗性があり，熱膨張係数が小さいので，ローエックス（AC 8 A，AC 8 B）と呼ばれ，Y 合金と共に耐熱 Al 合金として知られている．

（c） Al-Mg 系合金

この合金はヒドロナリウムと呼ばれ，Al-Mg 系合金で，Mg 3.5〜11.0% を加えて耐食性をよくしたものである．鋳造性はあまりよくないが，耐食性が良好で，特に耐海水性がよい．

4.2 塑性加工プロセス[(7),(8),(9)]

4.2.1 塑性加工の種類

金属の延性・展性など，塑性変形する性質を利用して，板や線を作ったり，成形製品を作ったりする方法で，切り屑がでない合理的な加工法を塑性加工（plastic working）という．溶解・鋳造したインゴットは結晶粒はあらく，粒界には不純物が集まり，空洞もあって機械的性質はとかく劣りがちである．しかし，これを加熱して圧縮し，大きく塑性変形させると，結晶粒は微細になり，偏析も均質化し，空洞も圧着して，均一で強靭な組織となる．このように鍛錬による材質の向上および成形の二つの目的を果たすのが，塑性加工プロセスである．その塑性加工法には図 4.9 に示すように，圧延（rolling），押出し（extrusion），引抜き（drawing），プレス加工（pressing），鍛造（forging）などがある．

塑性加工の程度，すなわち，塑性加工による材料の寸法減少割合を加工度と呼び，加工前後における断面，断面積などの減少率で示している．いま A_0，A_1 をそれぞれ加工前後の断面積とすると，加工度 ［%］ は

$$\frac{A_0 - A_1}{A_0} \times 100 \ [\%] \tag{4・10}$$

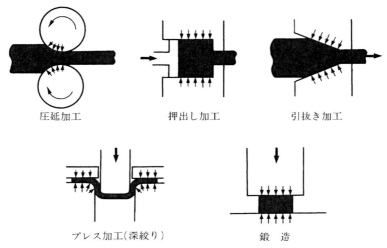

圧延加工　　　　　　　押出し加工　　　　　　　引抜き加工

プレス加工(深絞り)　　　　　　　鍛　造

図 4.9　主な塑性加工法

で表される．また鍛造においては，その変形の程度を表す鍛造比（JIS では鍛錬成形比と呼んでいる）で表す．

4.2.2　加工硬化

　塑性変形が起こると，金属は硬くなる．加工によって硬くなるので，この現象を加工硬化（work hardening），または歪硬化（strain hardening）と呼ぶ．加工硬化の原因は，外力が加わると，結晶粒にすべりを起こし，その面にすべりに対する抵抗力が生じ，すべりにつれてその抵抗力は大きくなることによる．塑性変形の開始からくびれの始まるまでの部分の応力－ひずみ曲線は近似的に次の式で表される．

$$\sigma_t = K\varepsilon^n \qquad\qquad (4 \cdot 11)$$

　ここで，K は定数で強度係数，n も定数で加工硬化係数，または n 値とも呼ばれている．また σ_t は真応力，ε は真ひずみを示す．したがって，塑性加工できる限界が存在し，それ以上の加工では，材料はもろくなって破壊することになる．また加工硬化によって比重・密度が減少する．これは結晶内部のひずみで，その結果として容積が増すためである．さらに塑性加工によって組織的には結晶粒は力の方向に伸びて微細化され，結晶格子は転位の多いひずんだ形に

なる．一般に金属は，加工度に応じて硬さと強さが増し，伸びは減少する．塑性変形が進むと，転位の数が増し，加工後 $10^{12}/cm^2$ の転位密度に上昇し，それがもつれた糸のようになって，互いに動きにくくなる．それは転位の相互作用により，または結晶内部の障害物によって前進を阻止され，そのまわりの応力場によって，結晶の平均内部応力を高め，新しい転位の運動を抑える．また，転位がすべり運動中変形を受け，その抵抗のためついに運動できなくなる．これが加工硬化の機構と考えられる．

4.2.3 回復，再結晶，粒成長

塑性加工により欠陥が形成され，ひずみエネルギーが増し，硬化するが，これを加熱すると，次のような過程を経て，徐々に軟化していく．図 4.10 は加工硬化のある金属を加熱していくとき，引張強さ，硬さ，伸び，および結晶粒の大きさがどのように変化するかを示したものである．

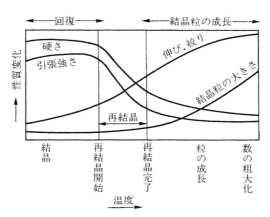

図 4.10 冷間加工した金属の焼なましによる回復，再結晶，粒の成長

① 第 1 過程 ― 回復 (recovery)

加工硬化された結晶粒が，そのままの形でひずみを解放していく過程，すなわち，ひずんだ結晶格子中の原子が，元の安定状態に戻ろうとする傾向がある．拡散により原子が移動し，原子の再配列が進むと，内部応力が除去される．この原子の最初の再配列は，個々の結晶内で生じる．この結晶粒の形や結晶の向きに変化を生じないで，物理的性質や力学的性質のみが変化する過程を回復と

呼ぶ.

② 第2過程 — 再結晶 (recrystallisation)

塑性加工によってひずみを生じた金属をさらに加熱すると，その内部にひずみのない新しい結晶粒の核が生じ，これが成長するのに伴って，ひずみを生じた結晶粒が消失して，全体がひずみのない結晶粒に置き換わる. また，転位の少ない結晶粒が生まれて，全体が新しい結晶粒の集まりに変化する. この過程を再結晶といい，再結晶が始まる温度を再結晶温度という. 再結晶過程で，強さや伸びなどの力学的性質が変化する. この再結晶は加工度と密接な関係がある. 加工度の低いもの程，再結晶温度は高くなる. また高温になる程，結晶粒は粗大化する. 特に低加工度，高温下では結晶粒が著しく粗大化し，肌あれの発生の原因となることがある.

③ 第3過程 — 粒成長 (grain growth)

塑性加工によってひずみを生じた結晶粒が再結晶によってひずみのない結晶粒に全部置きかわった後も，さらに加熱すると，新しくできた結晶粒は隣接する小さい結晶粒を併合して次第に大きくなってくる. これを結晶粒の成長と呼ぶ. これは加工による内部ひずみが解放された後に起こる変化で，その駆動力は結晶粒界のもつ界面エネルギーの減少によるものである. したがって，全体として粒界の面積が減少するような方向に変化が起こる. その時観察されるのは，粒界の直線化，微細な結晶粒の消滅およびそれに隣り合う結晶粒の成長などである. 粒成長した金属は，かえってもろくなるから，加工硬化を除くための加熱温度は，再結晶温度を越えてはならない.

4.2.4　塑性加工と温度

金属塑性加工は，温度によって一般的に熱間加工と冷間加工に分類され，それらの中間温度の場合は，特に温間加工と呼ぶ.

（1）　熱間加工

熱間加工は，再結晶温度以上の加工であって，加工によって結晶粒が変形すると，ただちに再結晶により新しいひずみのない結晶が形成される. したがって，熱間加工では大きな変形量が与えられる. 熱間加工は，一般的に高温加工であるが，再結晶温度の低い鉛や錫では，室温で加工しても熱間加工の範囲に

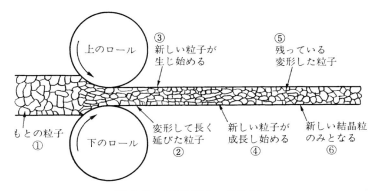

図 4.11 熱間圧延中の組織変化

入る．熱間加工では，材料内にひずみ硬化が蓄積されずに，パス間で十分消滅することを期待して行われていた．時代と共に塑性加工技術の高速化とそれに伴うパス間時間の短縮によって，各パスの加工には前パスのひずみ硬化が受け継がれる状況になっている．図 4.11 に示すように，金属塑性加工は普通，第 1 段階として熱間加工を行う．その目的は変形抵抗を下げて，加工力を低くすること，変形能を高めること，拡散によってインゴットの偏析を消滅させること，などである．このようにして，鋳造組織よりはるかに靱性，加工性のよい緻密な組織に変化する．しかし，高温における加工で，表面酸化の問題，酸化膜形成によるスケールロスおよび金属表面層の酸素富化が起こり，鋼では表面層の脱炭も問題となる．熱間加工における最高温度はなるべく高い方がよいが，溶融と過剰な酸化および脆性な組織の生成などによって制限される．一般には最高温度は融点の 40〜50℃ 以下にとるとよい．

（2） 冷間加工

冷間加工は，加工硬化の生ずる温度での加工であり，通常は室温での加工を指す．金属塑性加工では，第 1 段階として，熱間加工を行うが，精度のよい製品をつくるためには，第 2 段階として必ず冷間加工を行うのが普通である．冷間加工によって金属は加工硬化し，強さは増加するが，伸びは減少する．加工と共に降伏点，耐力は急増し，引張強さに接近する．密度は減少し，電気抵抗は増加する．結晶粒は微細化し，転位密度は増大し，結晶粒子のひずみは大きくなる．冷間加工の加工度が高くなると，硬化が激しくなり，加工完了する前

に破壊をまねくことになるので，焼なましが必要となる．加工硬化した金属を，いろいろな温度で一定時間焼なましすると，ある温度から軟化が始まり，微細で均一な組織および強度を高めた材料を得ることができる．冷間加工は加工硬化による硬さの増加と伸びの減少はあるが，加熱の面倒がなく，美しい仕上げ面が得られ，精密な形状に加工できるという特徴がある．

（3）　温間加工

温間加工は室温と再結晶温度の間の温度範囲で行う加工である．その加工度は冷間加工よりも低くないと，脆化が激しい．材料の再結晶温度が高く，熱間加工できない場合の温間加工である．加工中には転位が多数発生するが，この温間温度範囲では，鋼中の炭素や窒素原子が容易に転位のところへ拡散してゆき，転位の運動をさまたげる．そこで変形を続けるために，別の新しい転位が発生しなければならない．この結晶中の転位密度の急激な増加が，強さを高める．さらに転位の移動速度と原子の拡散速度とがマッチする条件で，すなわち，加工速度と温度とを合わせて加工することによって，加工とひずみ時効とを別に行い，より強度の高い材料が得られる．

4.3　熱処理プロセス

材料はその環境，すなわち，主として温度の変化によってさまざまな相変態を起こす．その結果，得られる組織は加熱温度，保持時間，冷却速度などの違いによって変化し，その変化によって材料の特性も変化する．そこで材料によく制御された温度履歴を与えて，その組織を整え，好ましい諸特性を引き出すのが熱処理である．熱処理とは，金属材料に所要の性質を与えるために行う熱的方法，すなわち，加熱・冷却の諸操作の総称である[10]．今日，工業材料の中でも，金属材料とりわけ鉄鋼材料が量産され，多用されている理由の一つは，熱処理によって，目的に応じて広い範囲にわたり，機械的性質を制御することができるからである．また，非鉄材料のうち Al-Cu 合金を始め，いろいろな析出硬化型合金には時効処理が利用されている[11]．

4.3.1 炭素鋼の状態図と変態

図 4.12 に Fe-C 系の複平衡状態図を示す．図中の実線は Fe-Fe₃C（鉄-セメンタイト）系，破線は Fe-C（黒鉛）系の平衡状態図である．純鉄，鉄-炭素系合金には，次の三つの状態がある．

① アルファ-鉄（α-Fe），② ガンマ-鉄（γ-Fe），③ デルタ-鉄（δ-Fe）

この 3 種類には，次のようなそれぞれ安定な温度範囲がある．

$$\alpha\text{-Fe} \underset{A_3\,\text{点}}{\overset{910^\circ\text{C}}{\rightleftarrows}} \gamma\text{-Fe} \underset{A_4\,\text{点}}{\overset{1400^\circ\text{C}}{\rightleftarrows}} \delta\text{-Fe} \overset{1540^\circ\text{C}}{\rightleftarrows} 融解鉄$$

普通の純鉄は α 鉄であり，α 鉄は体心立方格子をしている．α 鉄は 910℃ で γ 鉄に変わり，面心立方格子をなす．さらに 1400℃ で δ 鉄となり，また体心立方格子に戻る．このようにある一定温度で，結晶構造が変わる現象を変態という．

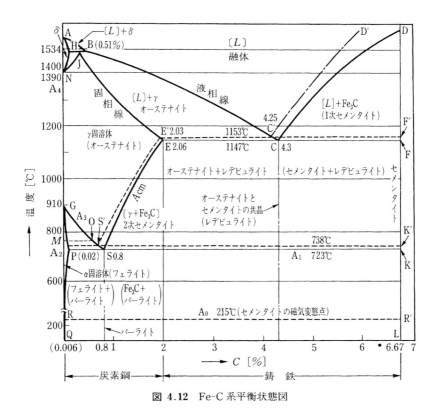

図 4.12 Fe-C 系平衡状態図

この変態の温度を変態点といい，とくに910℃をA₃点，1400℃をA₄点という．また，それらの温度における変態をA₃変態，A₄変態とも呼ぶ．たとえば，α鉄を加熱していけばAc₃点でA₃変態が起こり，γ鉄を冷却する場合Ar₃点で，A₃変態が起こる．正規の変態点から離れて，変態が起こるのは，加熱や冷却が速い程著しくなる．

4.3.2　鋼の熱処理と組織

鋼の熱処理は，その目的と操作により，焼ならし，焼なまし，焼入れ，焼戻しに分けられる[12]．図4.13に示すように，鋼の熱処理は鋼を必ずオーステナイト状態に加熱し，炭素その他の合金元素を固溶させたのち，いろいろな速さで冷却することである．冷却速度の変化によって，常温で得られる鋼の組織は千変万化し，それにともなって，機械的性質も自在に変わる[13]．

鋼をAc₃またはAc₁変態点以上30～50℃の高温から，水中・油中などで急冷する焼入れ操作を行うと，図4.13のようないろいろな焼入れ組織が現れる[14]．

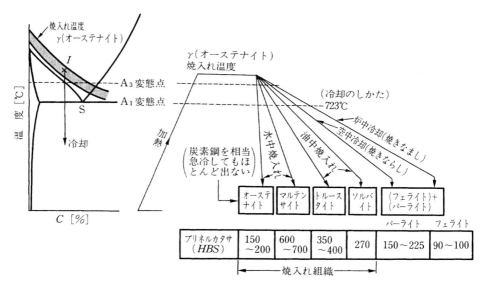

図4.13　鋼の熱処理，焼入れ，組織および硬度の関係
[出典：落合泰著，機械材料，理工学社]

（1）　オーステナイト

オーステナイトは普通鋼では常温でほとんど現れないが, Ni 鋼, Cr 鋼などでは残留オーステナイトとして現れ, 非常に不安定であるが, 粘り強く, 耐食性がよい.

（2）　マルテンサイト

鋼を A_1 変態点以上の温度から, 水中急冷すると現れる中間組織で, オーステナイトのほとんどがこの組織に変わる. 写真 4.1[15] にマルテンサイト組織を示す. マルテンサイトでは, オーステナイト中に固溶していた C はそのまま残り, Fe の結晶構造だけが面心立方格子から体心立方格子に変化する. これがマルテンサイト変態である. この変態は瞬間的にわずかにせん断変形して, 新しい結晶格子型に変わる, 一種の塑性変形によって起こる. その意味で, この変態は無拡散変態あるいは格子変態と呼ばれる. この結晶格子のひずみによってマルテンサイトは非常に硬くなり, また強くなるが, 反面もろい組織である.

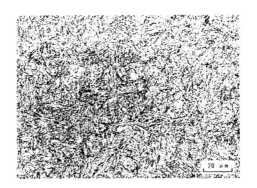

一面に細かい針状または麻の葉状にみえるのがマルテンサイトである.

写真 4.1　マルテンサイト組織（C 0.88%, Si 0.28%, Mn 0.36% 水焼入れ, 100℃×30 min 焼戻し）

（3）　トルースタイト

鋼を油焼入れした時に現れる組織で, このトルースタイトは細かいセメンタイトとフェライトの混合物で, 油中で冷却した時, 500℃ 付近に見られる過冷された Ar_1 変態で, この変態を Ar' 変態ともいう. しかし冷却が速いため, オーステナイトの一部は Ar' 変態するが, 残りは変態が起らず, そのまま温度が降

下して，約 200℃ 付近で，マルテンサイト相に変化する．このマルテンサイトに変わる変態を Ar″ 変態と呼んでいる．

（4）　ソルバイト

ソルバイトはフェライトとセメンタイトの微細な層状組織をもち，比較的ゆるやかに冷却したとき，得られる組織である．

共析鋼が油中で冷却されると共析点でパーライトを析出するパーライト変態 Ar_1 すなわち Ar′ 変態が起るが，水冷される場合には，そのパーライト変態が急冷により阻止されて，マルテンサイトを生じるマルテンサイト変態 Ar″ のみとなる．共析鋼の冷却速度と Ar′ および Ar″ 変態点の関係において，Ar′ 点は冷却速度が増すにつれて降下するが，Ar″ 点は冷却速度に関係なく一定である．そして，Ar″ 変態すなわちマルテンサイトが現れ始める冷却速度を下臨界冷却速度，Ar′ 変態が全く現れなくなる冷却速度を上臨界冷却速度または単に臨界冷却速度と呼ぶ．炭素鋼では，共析鋼が最も低い臨界冷却速度を示す．

4.3.3　過冷オーステナイトの等温変態（TTT 図）

図 4.14 は共析炭素鋼をオーステナイト状態から，任意の温度まで急冷したのち，そのままその温度に保持（等温保持）した時の変態曲線である．この図を等温変態線図（isothermal transformer diagram），または I‐T 線図あるいは TTT 線図（time‐temperature transformation diagram）または S 曲線などと呼ぶ[16]．フェライトとセメンタイトの核の生成と成長は，オーステナイトの結晶粒界で始まるので，オーステナイトの結晶粒度が大きい程，変態開始温度は遅くなり，かつ変態終了までの時間が長くなる．すなわち，この C 曲線部分の形は，オーステナイトの結晶粒度にも影響される．この曲線で最も短時間で変態が開始する点①を湾曲点（knee）または鼻（nose），また，変態開始温度 M_s のすぐ上のくぼんだ部分②を湾（bay）と呼ぶ．図 4.14 に示すように，A_1 点から湾曲点付近までの温度ではパーライト，湾曲点から下の温度ではベイナイト，M_s 点以下の温度ではマルテンサイトが生じ，変態終了温度 M_f 点以下の温度では，完全にマルテンサイトに変わる．パーライトよりも細かい層状模様のベイナイトは変態温度が下がるにしたがって，形が羽毛状から針状に変わる．ベイナイトは鼻に近い部分でできたものを上部ベイナイト，低温側でできたものを，

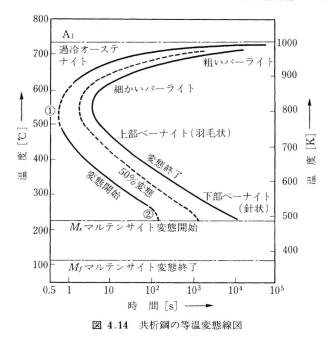

図 4.14 共析鋼の等温変態線図

下部ベイナイトといい，機械的性質は下部ベイナイトの方が硬い．

4.3.4 オーステナイトの連続冷却変態 (CCT 図)

実際に行われる熱処理は，このような等温変態でなく，むしろ冷却と同時に変態が起こる過程である．したがって，冷却中に起こる変態を示す線図の方が，より実際的である．そのような図を，連続冷却変態線図 (continuous cooling transformation diagram) または C-T 線図，あるいは CCT 曲線と呼ぶ[16]．図 4.15 に共析鋼の CCT 曲線を示す．CCT 曲線は TTT 曲線を温度の低い方向へ，また時間を遅い方向へずらした関係である．パーライト変態曲線の鼻を通る冷却速度が，完全なマルテンサイト化が起こる臨界冷却速度になることである．すなわち，この冷却速度より遅い冷却の場合は，M_s 温度を切る前にパーライトの析出が起こり，それより速ければ完全にマルテンサイト化する．

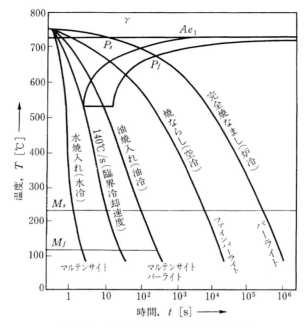

図 4.15 共析炭素鋼の連続冷却変態線図

4.3.5 チタン合金の熱処理

　チタン合金は，室温で α 型，$\alpha+\beta$ 型および β 型の3種類に大別される．それに少量の β 相を含む大部分が α 相である．Near α 型と少量の α 相を含み，大部分が β 相からなる Near β 型が付加される．α 相は最密六方構造(hcp)，β 相は体心立方構造 (bcc) で，この両者とその量的割合，形状，大きさなどによって合金の特性が変わる．純チタンは 882°C 以下では α 相，それ以上では β 相になるが，Al，O，N などの元素は α 安定化し，この変態温度を上昇させて α 相領域を拡大し，一方 V，Mo，Fe，Cr，Mn などの β 安定化元素は逆に β 相領域を拡げる．Sn と Zr は中性的元素で，変態温度への影響は少ないが，α 相にも β 相にも固溶して合金強化に役立つ．表4.3に合金元素の種類と添加量によって α 型から β 型への変化と，代表的な合金組成を示し，それらの特性も示した[17]．

表 4.3 チタン合金の種類と合金元素の添加量による特性変化

中性的元素 (Sn・Zr)		型	合金組成	特性
α安定化元素 (Al, O, N など) 量増大 ↑		α 型	Ti Ti-5 Al-2.5 Sn	比重・熱処理性・クリープ強度・ひずみ速度感受性・塑性加工性・溶接性向上
		near α 型	Ti-5 Al 6 Sn-2 Zr-1 Mo-0.2 Si Ti-8 Al-1 Mo-1 V Ti-6 Al-2 Sn-4 Zr-2 Mo	
β安定化元素 (V, Mo, Fe, Cr, Mn など) 量増大 ↓		α + β 型	Ti-6 Al-4 V Ti-6 Al-6 V-2 Sn Ti-6 Al-2 Sn-4 Zr-6 Mo Ti-8 Mn	増大↑向上 ／ 増大↑向上 ／ 直線
		β 型	Ti-13V-11Cr-3Al Ti-8 Mo-8 V-2 Fe-3 Al Ti-3 Al-8 V-6 Cr-4 Mo-4 Zr (βC) Ti-11.5 Mo-6 Zr-4.5 Sn (βIII)	

[出典：草道英武編，金属チタンとその応用，日刊工業]

（1）　焼入れによって生じる組織[11]

α+β 型 Ti 合金の場合，溶体処理後の焼入速度によって，2 種類のマルテンサイトが形成される．水冷のように冷却速度が速いと，斜方晶マルテンサイト α'' が形成されるが，空冷の時には六方晶 α' ができる．α' から変態する 1 次析出 α は，α'' からのものよりも粗大である．

β 安定型 Ti 合金を β 相から焼入れした場合，α' あるいは残留 β 相を生じる．これら以外に ω_q（焼入れによる ω 相）を生じる場合もある．

（2）　Ti 合金の TTT 図[11]

α 型 Ti 合金は，変態温度以下の高温領域から極低温まで安定であり，α 単相組織で通常変態温度以下の焼なまし処理を施す．$\alpha+\beta$ 型 Ti 合金は，β トランザス（transus）以上の温度から急冷したとき，マルテンサイト変態を生じる $\alpha+\beta$ 合金の熱処理は β トランザス以下の温度で $\alpha+\beta$ 溶体化処理を 2 時間行い，その後 400〜600℃ で約 4〜8 時間時効処理を行って β 相から α 相を析出させる．その時の溶体化処理で β 相は hcp-α' または斜方晶 α'' マルテンサイトとなり，一部残留する場合もあり，時効処理でマルテンサイトを分解または β 相から α 相を析出する．図 4.16 は $\alpha+\beta$ 系合金（Ti-16 V-2.5 Al 合金）の TTT 図である．合金濃度の低い程，M_s 点は上り，α' 相の生成開始は短時間側に，合金

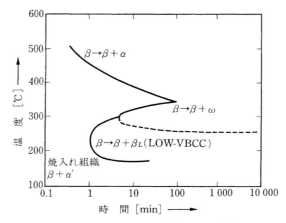

図 4.16　Ti-16 V-2.5 Al 合金の TTT 状態図

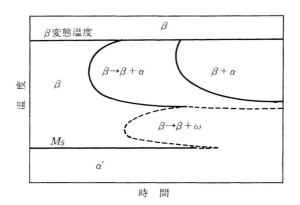

図 4.17　β 型チタン合金の TTT 状態図
〔出典：村上隆太郎, 亀井清著, 非鉄金属材料学, 朝倉書店〕

濃度の高い場合には α′ 相の他 α″ 相あるいは ω 相という中間遷移相の生成も
ある．β 型チタン合金の TTT 図を図 4.17 に示す[11]．β 相の TTT 曲線も, 一
般の場合と同様に C 字型で, 中間の温度で変態速度が最も大きくなる. 低温に
おいては, 中間遷移相 ω が生成するので, もう一つ C 曲線が追加されている.
マルテンサイト変態は, 無拡散であるので M_s は時間に関係なく, 一定の温度で
示される.

演 習 問 題

4.1 鋳造方案について説明しなさい.

4.2 過冷とは何か.

4.3 凝固時における組成的過冷現象を説明しなさい.

4.4 塑性加工による加工硬化の原因は何か.

4.5 焼き戻し軟化過程の三つの過程を説明しなさい.

4.6 冷間加工, 熱間加工, 温間加工の相違を述べなさい.

4.7 鋼の A_3, A_1, Ar', Ar'' の各変態を説明しなさい.

4.8 $\alpha + \beta$ 型チタン合金の熱処理で β トランザス (transus) が重要である. その β トランザスとは何か.

参 考 文 献

（1） 菅泰雄, 小川恒一, 青山栄一：材料加工学―高温加工編―, 槇書店 （1994）.

（2） 井川克也他：材料プロセス工学, 朝倉書店 （1993）.

（3） 大中逸雄, 荒木孝雄：溶融加工学, コロナ社 （1987）.

（4） 大平五郎, 井川克也：鋳造工学, 日本金属学会 （1971）.

（5） 井川克也編：鋳造凝固, 日本金属学会 （1985）.

（6） 中江秀雄：鋳造工学, 産業図書 （1955）.

（7） 村川正夫他：塑性加工の基礎, 産業図書 （1988）.

（8） 加藤健三：金属塑性加工学, 丸善 （1971）.

（9） 河合望：塑性加工学, 朝倉書店 （1988）.

（10） 門間改三, 須藤一：構成金属材料とその熱処理, 日本金属学会 （1977）.

（11） 村上陽太郎, 亀井清：非鉄金属材料学, 朝倉書店 （1978）.

（12） 宮川大海, 吉葉正行：よくわかる材料学, 森北出版 （1993） p.67.

（13） 石田制一：工業材料, 誠文堂新光社 （1967）, p.166.

（14） 落合泰：機械材料, 理工学社 （1993）.

（15） 石田制一：標準顕微鏡組織第1類, 山本科学工具研究社 （1987）.

（16） 小原嗣朗：金属材料概論, 朝倉書店 （1991）, p.262.

（17） 草道英武編：金属チタンとその応用, 日刊工業新聞社 （1983）, p.51.

第5章
焼 結 プ ロ セ ス

5.1　粉末冶金の工程

　金属の粉末を型に入れて，圧縮成形し，焼結して機械部品などを製造したり特殊な性質をもつ製品をつくる方法を，粉末冶金と呼んでいる．金属を融解して，鋳塊（ingot）を作り，これを加工して成形するという普通の方法に対して，粉末冶金の特徴は次のようである．

①　最終製品に近い型に成形して，切削加工などの工程を省くことができる．

②　融点までの温度を上げる必要のないため，高融点金属の製品を作り得る．

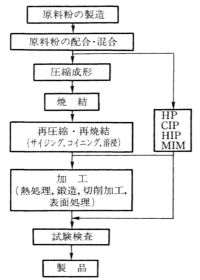

図 5.1　粉末冶金の工程図

③ 融解法では作ることのできない合金や，相互溶解度のない合金を微細混合した焼結合金にすることができる．

④ 多孔質材料の製品を作ることができる．

図5.1に粉末冶金法の標準的な工程を示す．その工程は，普通，製粉，混合，圧縮成形，焼結の順になっている．

（1） 粉 末 成 形

金属粉末を圧縮して所定の形状の圧粉体を作るため成形を行う．粉末成形法を分類すると，表5.1のようになる．圧粉成形では種々の形状の圧粉体をできるだけ均一な密度に加圧形成することが必要である．金属粉では，まず金型に粉末を充填して，単軸圧縮で成形する金型成形が主力である．粉末はいわゆる静水圧的挙動を示さないので圧力は各部均等にかかりにくい．このためダイス設計や加圧方法には特別な処置が必要である．原料粉を型に充填して，加圧と焼結を同時に行って，一工程で部品に成形する熱間加圧成形（ホットプレス）が登場した．また等方圧で，ホットプレスする熱間等方圧成形（HIP）は原料粉を真空缶詰にして，高温，高圧のガス圧による等方圧の固化を可能にした．さらに，金属粉末に樹脂やワックスをバインダーとして加え，熱可塑性を与えたものを成形用ペレットとして，プラスチック加工型式の射出成形機で成形する．この方法は，従来よりも密度が均一で，しかも高密度化することができる．

表 5.1 粉末成形法

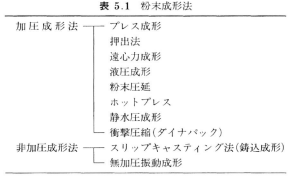

（2） 焼 結

圧縮成形した圧粉体は，緻密性と強度を高めるために焼結を行う．通常金属の場合は，非酸化性雰囲気で，粉末の融点以下の温度で行われる．硬質合金な

どでは，焼結前に適当な温度で，予備焼結が行われる．完全焼結のための焼成条件は，加熱方法，雰囲気，加熱条件（速度，温度および時間）などに最適なものを選ぶ必要がある．

　焼成炉の加熱方式は，ニクロム，カンタル，SiC，Mo，W などによる電気加熱方式が一般的である．図5.2 に工業用連続焼結炉の一例を示す．工業用小規模生産用には，バッチ式の電気加熱式焼結炉を使用する．焼結後は，表面形状を明確にするためのコイニング，所要の寸法を得るために行うサイジングなどの寸法矯正，表面処理加工仕上げなどを行う．PM 法を用いて，機械構造部品，切削・耐摩耗工具材料，高融点材料，電気接点材料，多孔質材料，磁性材料などが生産されてきている．

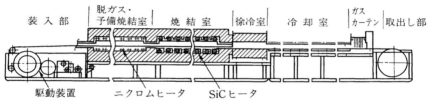

図 5.2　工業用連続焼成炉（マッフル炉型メッシベルト炉）
[出典：金属便覧，丸善]

5.2　セラミックス製造の工程

　大多数のセラミックスは，粉末冶金的な手法で製造される．セラミックスの製造プロセスを図5.3に示す．セラミックスは，金属やプラスチックに比べて，耐熱性が高く，硬質で耐食性に優れているが，加工しにくいことが欠点である．したがって，所望の形状の製品を得るには，あらかじめ焼成時の膨張・収縮を考慮して，成形加工（1 次加工）をするか，焼成されたセラミックスを加工（2 次加工）することが，必要である．

（1）　1 次加工

　図5.3において成形と焼結を一工程で，実施するものを直接法と呼び，ホットプレス法や高温静水圧成形法（HIP 法）がこれに相当する．これに対して，成形と焼結を別工程で実施するものを間接法と呼び，その成形には，粒子や粉

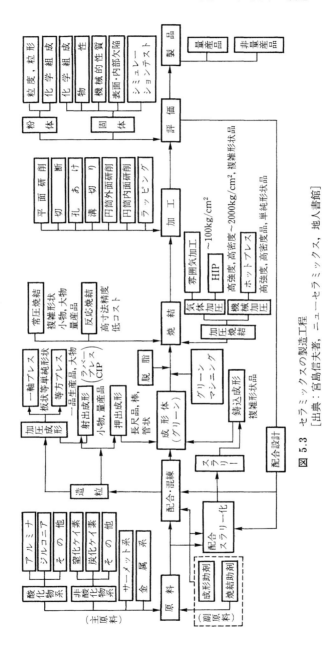

図 5.3 セラミックスの製造工程
[出典：宮島信夫著、ニューセラミックス、地人書館]

末に少量の液体および可塑剤を加えて顆粒とし，これを成形型の中に流して加圧する乾式加圧成形法，ある程度，硬い塑性坏土を用いて射出成形などの機械的方法で，希望する形状のものを作る塑性成形法，および原料粉末にバインダーを加えて，スラリーとし，それを鋳込み成形またはテープ成形する湿式成形法の三つの方法に大別される．乾式加圧成形法は，バインダー量は 0.5〜5% で焼結したセラミックスが十分な品質を保てるように，適正なバインダーを使用する必要がある．塑性成形法は，たとえば手ろくろ成形，オーガーやラムによる押し出し成形，型回転式ろくろ成形，射出成形などの機械的方法で所望の形状のものを作り得る．湿式成形法は，石膏またはドクターブレードなどを用い，バインダー量が 25〜30% と多いため，バインダー選定および焼結の適性条件の把握が大切である．

（2）　2 次加工

2 次加工としては，セラミックスを直接加工する方法と他の材料との接合により，新しい機能材料を作っていく方法がある．多くの優れた性質をもつセラミックスを作るには，この 2 次加工技術を発展させ，その際の高能率化と低コスト化の達成が望まれる．

（a）　直接加工法

直接加工法としては，セラミックスを焼結ダイヤモンド工具などによって，切削加工する方法，研削砥石を用いて所望の表面に削り取って仕上げる研削加工法，能率よく加工するための超音波加工とダイヤモンドホイールを用いた研削加工とを組み合わせた方法，セラミックスに導電性を付与して放電加工する方法などがある．

（b）　接合加工法

セラミックスは，通常靱性が低いため，使用範囲が限定される．そこで金属などの靱性の高い材料との接合またはコーティングによって新しい機能材料を創出し，利用の拡大が図れる．その接合方法は，固相/気相反応接合法，固相/液相反応接合法，および固相/固相反応接合法があり，界面での相互拡散，化合物層形成，セラミックスと金属の複合化などとの関連で重要である．

5.3 高温度における固体中での拡散

5.3.1 拡散とその機構

　原子やイオンが互いに強く結合して，強固な格子を形成している結晶固体中での物質移動や，さらに固体粒子間の接触部での反応や焼結などは，室温程度の温度では，実際観測できるものではない．しかし，十分な高温になると，これらの物質移動などは観測できるものとなる．このように原子またはイオンの移動が次々と一定方向に起こる現象を拡散という．結晶内での原子が理想的な配列をしていることは，0 K でのみ実現可能で，それ以上の温度で存在する実在結晶では，原子配列が理想的な規則性よりも乱れている場所，すなわち，格子欠陥が存在する．固体を形成する結晶には，原子やイオンが隙間なく詰まっているから，これらの原子やイオンが，結晶中を拡散するには点欠陥が必要となる．特に空孔と格子間原子またはイオンの2種類の点欠陥は，拡散に重要な役割を果たす．このような欠陥を用いた拡散の機構を，図5.4に示す．

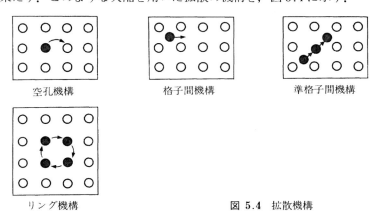

空孔機構　　　　　格子間機構　　　　　準格子間機構

リング機構　　　　　　　　　　図 5.4　拡散機構

　これらの機構の中で，エネルギー的に最も起こりやすい機構は，正常な格子位置にある原子が，それに隣接する空位に移動する空孔拡散である．空孔との交換による原子の移動が，次々に行われる空孔拡散は，高温度において，空孔が主な欠陥となる金属や，ショットキー欠陥が主な欠陥となるイオン結晶で起こる．比較的小さな原子で，格子間位置に存在可能な原子は格子間機構により，

フレンケル欠陥が主な欠陥となるイオン結晶では，拡散は格子間機構や準格子間機構によると考えられる．

5.3.2 拡散の法則

（1）フィックの第1法則

結晶中の単位面積の断面を考えて，この単位断面と，これに垂直な方向（x方向とする）に単位時間に経過する拡散原子の数（原子流速）をJとすると，Jはこの断面における拡散原子の濃度勾配dc/dtに比例する．すなわち，

$$J = -D\frac{\partial c}{\partial x} \tag{5・1}$$

ここで，比例定数Dは拡散係数と呼ばれ，式（5・1）の右辺のマイナス符号は原子の流れが濃度勾配と反対方向であることを意味する．この関係式は，物体中の原子の分布が不均一であれば，それがより安定な平衡状態へと変化していく際の変化の仕方を表すもので，これをフィックの第1法則と呼んでいる．

（2）フィックの第2法則

ここで，定常状態に達していない拡散を考えると，$\partial c/\partial t \neq 0$である．このような濃度の時間的変化率は，次式によって濃度勾配$\partial c/\partial x$と関係づけられる[2]．

$$\frac{\partial c}{\partial t} = \frac{\partial}{\partial x}\left(D\frac{\partial c}{\partial x}\right) \tag{5・2}$$

これがフィックの第2法則と呼ばれているが，これを3次元の場合に対して書くと

$$\frac{\partial c}{\partial t} = \frac{\partial}{\partial x}\left(D_x\frac{\partial c}{\partial x}\right) + \frac{\partial}{\partial y}\left(D_y\frac{\partial c}{\partial y}\right) + \frac{\partial}{\partial z}\left(D_z\frac{\partial c}{\partial z}\right) \tag{5・3}$$

拡散係数が濃度によらず，一定とすると，

$$\frac{\partial c}{\partial t} = D\left(\frac{\partial^2 c}{\partial x^2}\right) \tag{5・4}$$

と書ける．この微分方程式を，拡散実験に対する境界条件に合わせて，解くことができる．また，その解と実験的に求めた濃度分布曲線の時間的変化との比較からDを決定する．2種類の金属A，Bの高温拡散対において，AとBの接触面を原点とし，その面に垂直にx軸をとり，棒は非常に長くて，その両端で

は濃度変化はないとして式 (5・4) を解くと，位置 x における A の濃度 $c(x, t)$ として次式が得られる．

$$c(x, t) = \frac{c_0}{2}\left\{1 - \mathrm{erf}\left(\frac{x}{2\sqrt{Dt}}\right)\right\} \tag{5・5}$$

ここで，$\mathrm{erf}(y)$ は誤差関数と呼ばれ，その値は確率統計の数値表に示されている．式 (5・4) による計算濃度分布曲線を図 5.5 に示す．濃度分布は接触面に対して対称的であり，濃度 c は $t=0$ から $t_1, t_2, t_3, \cdots$ と変化し，$t=\infty$ にて均一な濃度 $c_0/2$ になる．

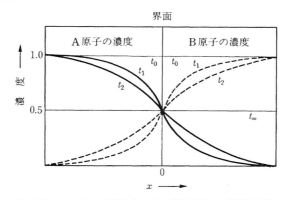

図 5.5 A，B の拡散接合による濃度分布の時間的変化

自己拡散係数を求める場合，単位面積当たりの溶質を $x=0$ の表面につけ，これが溶媒中に拡散していくと，初期条件，$t=0$, $x>0$ で，$c=0$ の元に式 (5・4) を解くと，

$$c = c_0/\sqrt{\pi Dt} \cdot \exp\left(-\frac{x^2}{4Dt}\right) \tag{5・6}$$

という解が得られ，この濃度プロフィルは，いわゆるガウス分布を示す．この場合，$\ln(c/c_0)$ と x^2 の直線関係から，自己拡散係数を求めることができる．拡散係数が濃度に依存する場合は，式 (5・2) を解いて，濃度プロフィルの時間および距離の変化を決めなければならない．

5.3.3 短回路拡散[2]

一般に，結晶は多数の細かい単結晶粒からなる多結晶体であるので，結晶粒

の内部に拡散する場合と，結晶粒界に沿って，拡散する場合がある．結晶粒界
では，粒内に比べて不純物や格子欠陥が多く，結晶の規則性が乱れた構造をも
つので，エネルギー的にも拡散が起こりやすく，拡散する原子にとってよい通
路となる．このような場合を粒界拡散という．粒界拡散と粒内拡散との差は，
低温側では大きく，高温になると小さくなる．このように粒界拡散は温度が比
較的低く，空孔濃度が小さいようなときに特に起こりやすい．

　一方，結晶表面においては，結晶内部に比べて，表面原子は周囲の原子から
束縛が小さく，表面には空孔の他，ステップ，キンクのような欠陥が多い．同
じようなことは，焼結体などの中に閉じた気孔がある場合にも考えられ，原子
は気孔の内面に沿って，あるいは，蒸発して，気体となって移動する．このよ
うな拡散を表面拡散と呼ぶ．粒界拡散および表面拡散を短回路拡散といい，粒
界や表面の格子欠陥が関与する輸送現象である．これに対して，結晶格子内で
点欠陥を媒介とする拡散を格子拡散または体積拡散という．これらの拡散の模
式図を図 5.6 に示す．体積拡散係数，粒界拡散係数および表面拡散係数をそれ
ぞれ D_v，D_b，および D_s とし，それらの拡散の活性化エネルギーをそれぞれ
Q_v，Q_b および Q_s とすると，一般に，$D_v < D_b < D_s$ および $Q_v > Q_b > Q_s$ であ
る．表面拡散が最も早く，粒界拡散がその次で，体積拡散が最も遅い．表面で
は空孔形成の活性化エネルギー E_s が不要であること，粒界拡散では空孔の媒
介を必要としないことから，両拡散とも活性化エネルギーは体積拡散のそれよ
りも小さい[3]．

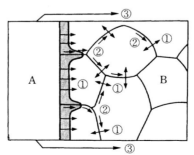

①格子拡散，②粒界拡散，③表面拡散

図 5.6　多結晶体中への拡散経路

5.4　焼　　結

5.4.1　焼　成

　圧粉・成形体を高温加熱して，緻密で強度の大きい焼結体を作る工程を焼成（firing）という．その焼成には，適切な焼成操作が必要であり，また，それには加熱速度，焼成温度，焼成時間，冷却速度などが，その雰囲気と共に任意に調整できる条件を有する焼成炉が設置されることが望ましい．加圧焼結などの特殊な焼成法を用いれば，気孔のほとんどない焼結体を得ることができるが，通常の場合，気孔が残留する．必要とされる機能をもつ焼結体を製造するためには，均質合金化組織または微細構造を十分制御する必要がある．つまり，微細構造などの制御が大きな課題であり，その微細構造は，粉体合成から焼成に至るいろいろな工程中の影響を受けるが，焼成工程中に起こる変化の与える影響が特に著しい．

5.4.2　焼結の進行過程

　焼結の過程は，まず

①　粉末粒子が接触している部分でネック（neck）形成および成長，表面まで連結していた開口空洞（open pore）が，独立した閉じた空洞（closed pore）となる，空洞の球状化の初期過程，

②　空洞のオストワルド成長と空洞内から空孔が表面に拡散して，緻密化が進む中期過程，

③　粒界付近にある閉じた球状の気孔の孤立と外部へ次第に拡散・消滅する終期過程

の3段階に大きく分けられる．

　二つの球を接触させて加熱した場合，粒子間の接触面積が0から，粒子の平均断面積の0.2倍くらいまで，増加する期間が焼結初期である．これは，加熱初期に粒子の接触点に物質が移動し，接触点から接触面になり，粒子間に粒界ができる．このように，粒子が物質によってつながった部分をネックと呼ぶ．ネックが形成される期間を焼結の初期段階という．初期の焼結段階では，図

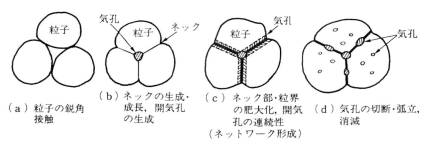

（a）粒子の鋭角　　（b）ネックの生成・　　（c）ネック部・粒界　　（d）気孔の切断・弧立，
　　　接触　　　　　　　　成長，開気孔　　　　　の肥大化，開気　　　　　消滅
　　　　　　　　　　　　の生成　　　　　　　　孔の連続性
　　　　　　　　　　　　　　　　　　　　　　（ネットワーク形成）

図 5.7　焼結の進行過程とネックの形成および気孔の形態変化

5.7(a) のように鋭い鋭角でもって互いに接しているので，粒子境界が，この最小接触面積の位置から移動するためには，接触面積の急激な拡大，それを含めた系の全表面積の拡大を伴い，結局大きなエネルギーを必要とする．

　焼結が進み，図 5.7(b) のようにネック部が成長し，曲率半径が大きくなってくると，粒子境界がこの部分から移動してもあまり大きな面積の増大を伴わなくなる．そのため粒子境界は容易になり，粒子成長も可能となる．このような粒子成長が始まると，焼結は中期段階に入る．この段階では，ネック同士が衝突し，図 5.7(c) のように気孔は三つの粒子で囲まれた細長い連結した形となる．気孔は常に粒子の境界と交わっており，また互いに連続しているのが特徴である．

　さらに焼結が進むと，図 5.7(d) に示すように連続していた細長い気孔が切断され，気孔は焼結体内部に孤立する．外部につながっている気孔を開気孔，内部に閉じ込められた気孔を閉気孔と呼ぶ．焼結の進行に伴い，閉気孔が小さくなる．この段階が焼結の後期段階である．

　このように焼結過程は，接触した2個の粒子間のネック部分が肥大化し，空隙の体積が減少し，緻密化していく段階と，焼結後期に孤立した気孔が，次第に収縮し，小さな気孔は消滅して，さらに緻密化が進む．いずれの段階もなんらかの物質移動が起こる[4]．

　物質移動の機構としては，① 蒸発・凝縮，② 体積拡散，③ 粒界拡散，④ 表面拡散，⑤ 粘性流動，⑥ 塑性流動，の各機構が考えられる．

　第一段階の収縮はネックの拡大によって行われる．2個の球状粒子間の拡大には，両極端の形式があって，図 5.8(a) の場合は，2球状粒子の中心間の距離

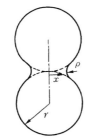 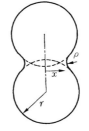

（ａ）　収縮起らず　　　　（ｂ）　収縮起こる
　　（中心間距離不変）　　　　　（中心間距離減少）

図 5.8　焼結による収縮の 2 形式

は全く変わらずにネックが拡大する．そのネックの増大分に相当する質量は，両球の全表面または全体積から均等に送り出された質量によって形成される．したがって，この焼結機構は，蒸発・凝縮や表面拡散により粒子間結合は起こるが，ネックが増大しても収縮は起きないものである．他方，図 5.8(b) に示すように，体積拡散または粒界拡散並びに粘性流動または塑性流動による焼結では，中心間距離が減少し，圧縮体の収縮が起こる．この場合，粒界や粒子内部からネック表面へ粒界拡散または体積拡散により，物質が移動し，収縮が急激に起こる．

5.4.3　初期段階における焼結速度式

（1）　蒸発・凝縮機構による焼結

　初期段階の焼結機構を考える場合，物質移動機構の中で，最も考えやすいのは，蒸発・凝縮機構 (evaporation-condensation mechanism) である．この機構は正の曲率をもつ粒子表面の平衡蒸気圧は，平面上の蒸気圧に比べて高く，小さな負の曲率をもつネック表面部は逆に著しく低いので，図 5.9 に示すように，粒子表面部で蒸発が起こり，蒸気圧の低いネック表面部に向かって，周囲の気相中の濃度勾配によって気相拡散が起こり，粒子表面部から粒子間のネックの表面部に物質移動が起こる．このネック表面部は平衡蒸気圧が低いので，この拡散によって移動してきた物質は過剰となり，そのためその部分で析出，凝縮するようになる．すなわち，平衡蒸気圧の高い粒子表面から物質が蒸発，

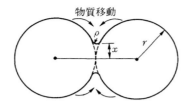

図 5.9 蒸発・凝縮による焼結機構

気化し，気相中を拡散して，粒子間接触部のネック表面部に達して，そこで凝縮を起こし，接触部を成長させるというのが，この焼結機構である[5].

　二つの主曲率半径 r_1 と r_2 をもつ回転惰円体曲面上と平面上との平衡蒸気圧をそれぞれ p, p_0 とすると，これらの間には次のような関係がある.

$$\ln\frac{p}{p_0}=\frac{M\gamma}{dRT}\left(\frac{1}{r_1}+\frac{1}{r_2}\right) \tag{5・7}$$

ここで，M は分子量，d は密度，γ は表面エネルギー，R は気体定数，T は温度 [K] を表す.

　平衡蒸気圧と大気蒸気圧との間に Δp の差がある場合の，その物質の凝縮速度は次のラングミュアの式で表される.

$$m=\alpha\Delta p\left(\frac{M}{2\pi RT}\right)^{\frac{1}{2}} \tag{5・8}$$

ここで，α は適応係数で，ほぼ 1 と考えられる．式 (5・7) をネック表面に適用すると，r_1, r_2 をそれぞれ ρ と x として，次のようになる.

$$\ln\frac{p}{p_0}=\frac{\gamma M}{dRT}\left(\frac{1}{\rho}+\frac{1}{x}\right) \tag{5・9}$$

初期段階では，$\rho\ll x$ なので $\dfrac{1}{\rho}\gg\dfrac{1}{x}$ となり，p_0 と p との差 Δp が小さいとすると，$\ln p/p_0$ を $\Delta p/p_0$ で近似できる．よって

$$\therefore\quad \Delta p=\frac{\gamma Mp_0}{dRT}\cdot\frac{1}{\rho} \tag{5・10}$$

となり，ネック表面部のみが Δp だけ低い平衡蒸気圧をもつ．この蒸気圧差によって物質移動を起こす．この凝縮速度がネック部の体積増加速度に等しくなるので，ネック部の表面積を A，密度を d とすると，

$$\frac{dv}{dt}=\frac{mA}{d} \qquad (5\cdot11)$$

となる．さらに，粒子の曲率半径 r_1，ネック部の表面部の曲率半径 r_2 とし，焼結初期では，$r_2 \ll r_1$ であるので，蒸発・凝縮機構による焼結速度式として，

$$\frac{x}{r}=\left(\frac{3\sqrt{\pi}\,\gamma M^{\frac{3}{2}}p_0}{\sqrt{2}\,R^{\frac{3}{2}}T^{\frac{3}{2}}d^2}\right)^{\frac{1}{3}}r^{-\frac{2}{3}}t^{\frac{1}{3}} \qquad (5\cdot12)$$

ここで，r は粒子半径，x はネック部の断面の半径，γ は表面エネルギー，M は分子量，p_0 は平衡蒸気圧，d は密度，t は時間である．蒸発・凝縮機構によって焼結の起こる場合には，粒子表面から気相を通ってネック部に物質が移動するので，ネック部の成長はあるが，球と球との中心間距離は変化せず，結局焼成収縮は起こらない．すなわち，初めの二つの球の中心間距離を l_0，収縮を Δl とした場合，その収縮率は

$$\frac{\Delta l}{l_0}=0 \qquad (5\cdot13)$$

となる．したがって，ネック部のみが発達し，気孔の形は変化するが，成形体の大きさはほとんど変わらず，気孔率も同じである．しかし，接合部が発達するので，機械的強度は大きくなると期待される．この蒸発・凝縮機構で起こる焼結は式 (5・12) で理解されるように，蒸気圧 p_0 が大きい程進行するので，蒸気圧の高い NaCl などのハロゲン化アルカリや氷の粒子などの焼結の場合，さらに ZnO，TiO_2，Cr_2O_3 もこの機構で焼結すると考えられている．

（2） 拡散機構による焼結[5]

拡散機構は拡散経路の違いによって，表面拡散機構，粒界拡散機構，体積拡散機構に細分される．一つの粒子系中に空位濃度の異なる部分があると，その濃度勾配に沿っても空位の拡散が起こる．空位の拡散が起こることは，逆方向に原子の拡散が起こることに相当する．結局，凸部とネックにおける空孔濃度の差が，拡散の駆動力となる．空孔の発生する場所としては，凹部と粒内の転位（主に刃状転位）がある．これを空孔の湧出し口（source）と呼ぶ．空孔が消滅するのは，凸部，粒界，転位である．これを空孔の吸込み口（sink）と呼ぶ．

この拡散機構によって焼結が起こるためには，粒子系中に空位の濃度勾配が

なければならない．空位の濃度の高い所，すなわち，原子が集まってくる，成長する部分に相当する所が，空位源（vacancy source）となり，ネック表面がそれに相当する．逆に，空位濃度が低く，焼結中に空位が移動して，消滅する場所，すなわち原子が抜け出ていくので，焼結中に体積は減少し，収縮する所（シンク）となる．このように空位濃度の高い空位源と濃度の低いシンクが存在し，その濃度勾配に沿って空位の拡散が起こる．ネック表面部の過剰空位濃度が，その曲率半径 ρ（x は ρ より大きいので，その逆数ははるかに小さいとして）によって支配されるから，

$$\Delta C = \frac{\gamma \delta^3}{kT} \cdot \frac{1}{\rho} C_0 \qquad (5\cdot14)$$

ここで，δ^3 は空位の体積，C_0 は平面下での平衡空位濃度である．さらに空位の拡散によって，焼結速度が律速されるとすると，空位の流れに対して，熱拡散式を適用すると，

$$\frac{x}{r} = \left(\frac{K' D \gamma \delta^3}{r^m kT} \right)^{\frac{1}{n}} \cdot t^{\frac{1}{n}} \qquad (5\cdot15)$$

また，

$$\frac{\Delta l}{l_0} = \left(\frac{K D \gamma \delta^3}{r^m kT} \right)^{\frac{1}{p}} \cdot t^{\frac{1}{p}} \qquad (5\cdot16)$$

ここで，D は自己拡散係数，K'，K，m，n，p は，それぞれ定数で，拡散機構の違いによって変化する．

　ここで，等大球のネック部分の成長について，体積拡散機構における焼結速度式を導いてみる[6]．ネック部の表面が空孔の湧出し口，粒界が空孔の吸込み口となる．図5.8(b) のようなネック部分のモデルを考え，幾何学的近似から，ネックの半径 $\rho = x^2/2r$，ネック部の面積 $A = 2\pi x\rho$，ネック部における拡散する原子の体積 $V = \pi x^2 \rho$ を用いて，フィックの式を変形して $dV/dt = A\Omega J$ と書き換えて，体積拡散の焼結速度式は次のように与えられる．

$$\frac{x^4}{r^4} = \frac{4\Omega \gamma D}{3r^3 kT} t \qquad (5\cdot17)$$

また，収縮率 $\Delta l/l_0$ は，$\rho/r = x^2/2r^2$ とおけるから

$$\frac{\Delta l}{l_0} = \left(\frac{\Omega \gamma D}{3r^3 kT} \right)^{\frac{1}{2}} \cdot t^{\frac{1}{2}} \qquad (5\cdot18)$$

（3） 粘性流動または可塑流動機構による焼結

結晶格子中の空位によって，さまざまな方向から原子が移動してくるので，表面張力や偏圧のような力が働く．この場合，原子の移動は，外力を緩和する方向に起こるので，外力の働いている方向に移動する原子の割合が増加し，結局外力に比例して，その方向に原子が移動し，物質移動が起こる．外力に比例する変形流動なので，粘性流動，また流動を始めるのに降伏値がある場合には可塑流動となる．

ネック部に働く応力 γ/ρ によって物質移動が起こると，完全粘性流体では

$$\sigma = \eta \cdot \frac{d\varepsilon}{dt} \tag{5・19}$$

ここで，$d\varepsilon/dt$ はせん断変形速度である．これを dx/xdt と近似し，$\sigma = \gamma/\rho = 2\gamma r/x^2$ と共に式（5・19）に代入，積分すると[6]，

$$\frac{x^2}{r} = K\left(\frac{\gamma}{\eta}\right)t \tag{5・20}$$

粘性流動によって，焼結が起こる場合には，収縮が伴う．その収縮率は

$$\frac{\Delta l}{l_0} = \frac{3\gamma}{4\pi\eta} \cdot t \tag{5・21}$$

となる．ホットプレスでの圧力を加えた緻密化焼結では，粘性流動機構が主導である．

5.4.4 中期および終期段階における焼結速度式

焼結が進み，ネック部が成長し，曲率半径が大きくなってくると，粒子境界がこの部分から移動しても，あまり大きな面積の増大を伴わなくなる．したがって，粒子境界の移動が可能となり，気孔の形が，気孔と粒子，粒子と粒子のそれぞれの界面エネルギーの平衡によって決まる形に近づき，気孔が互いに連結したものになる．これらの界面エネルギーは，物質によって異なるので，気孔の形も物質によって異なる．このように中期段階では，気孔が常に粒子の境界と交わっており，また，互いに連続しているのが特徴である．

この段階の粒子モデルには，正六面体，斜方十二面体などの多面体を取扱う．連続してパイプ状に取り込まれている気孔の表面から，その部分にある過剰の空位が結晶格子内または粒子境界を通って拡散し，粒子の境界で消滅するとい

う機構を考えることによって，中期段階の焼結速度式を導く[7]．それを一般式で表すと，

$$\text{体積拡散}\quad p_c = k_1 \frac{D_v \gamma \delta^3}{l^3 kT}(t_f - t) \tag{5・22}$$

$$\text{粒界拡散}\quad p_c = \left(k_2 \frac{D_b w \gamma \delta^3}{l^4 kT} t \right)^{2/3} \tag{5・23}$$

ここで，p_c は気孔率，D_v，D_b は体積および粒界拡散係数，w は粒界の幅，l は多面体の一辺の長さ，t_f は気孔が消滅するまでに要する時間である．k_1，k_2 は粒子の形状によって変化する定数で，たとえば，正六面体では，$k_1 = 151$，$k_2 = 85$，斜方十二面体では $k_1 = 98$，$k_2 = 37$ という値が導かれている．

　さらに焼結が進み，連続していた気孔が切断され，閉塞気孔になってくる段階が後期段階である．気孔が原子によって，完全に埋められるまでに要する時間を t_f とすると，その段階の焼結速度式は，気孔率 p_s で表すと[7]，

$$p_s = \frac{6\pi D_v \gamma \delta^3}{\sqrt{2}\, l^3 kT}(t_f - t) \tag{5・24}$$

この式は，中期段階の体積拡散機構の場合の速度式と，ほぼ同じ形となっている．このことは後期段階から焼結終了まで，その速度は大きく変化しないことを意味する．

5.4.5　液相焼結

　液相焼結（liquid-phase sintering）は，焼結温度で粘性のある液体が存在することによって進行する．焼結温度で液体が固体粒子を完全に濡らすと，液相焼結が最も容易に進行する．液相が焼結に有効に働くためには，いくつかの条件が必要である．まず，液体が固体粒子の表面をよく濡らすことが必要である．図5.10(a)で，ぬれの尺度は，接触角 θ で表すことができるので，固体の表面エネルギー γ_{sv}，液体の表面エネルギー γ_{lv}，固・液界面エネルギー γ_{sl} の間には，平衡関係で次のヤング（Young）の式

$$\gamma_{sv} = \gamma_{sl} + \gamma_{lv} \cos\theta \tag{5・25}$$

で表される．液相が固体表面を完全に覆うためには

$$\gamma_{sv} \geqq \gamma_{sl} + \gamma_{lv} \tag{5・26}$$

の関係が必要である．さらに液相が，粒子間に侵入する必要がある．液相の浸

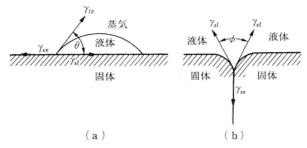

図 5.10 液体のぬれと固体への浸透

透度合は，図 5.10(b) の二面角 ϕ で表すことができ，固・固界面エネルギーを γ_{ss} とすると，これらの間に平衡状態で

$$\gamma_{ss} = 2\gamma_{sl}\cos\left(\frac{\phi}{2}\right) \tag{5・27}$$

の関係がある．液相が完全に粒界に侵入するためには

$$2\gamma_{sl} \geqq \gamma_{ss} \tag{5・28}$$

の条件にあることが必要となる．さらに生成した液相中に固体粒子が多少とも溶解することも必要である．このような条件の液相の存在で，焼結は固体粒子のみの場合よりも促進されるようになる．

　液相が存在する場合の焼結過程は，次の4段階に分けられる[7]．

（a）　初期架橋過程

　液相が生成し始めると，少量の液相は，まず粒子の接触部に入り，液相表面の曲率半径 r によって支配される表面応力 $\varDelta p$ の作用，$\varDelta p = 2\gamma/r$ によって粒子同士が互いに引き付け，成形体に強度を与えるようになる．これが初期架橋過程である．

（b）　再配列過程

　さらに液体量が多くなると，粒子表面全体が溶融物で覆われる．この状態では，溶融物は非常に凹凸のある広い表面をもっているため，高いエネルギー状態にあり，不安定である．より安定な状態に変化するために，粒子間の溶融物を潤滑剤にして，また粒子が互いに滑動して密に充塡して，溶融物の全表面積を縮小しようとする．このような緻密化の過程を再配列過程と呼ぶ．この過程に対する収縮は

$$\frac{\Delta l}{l_0} \propto t^{1+y} \tag{5・29}$$

に従う．$1+y$ は，気孔の大きさの減少による駆動力の増大と，再配列の進行に伴う粒子移動に対する抵抗の増大の，相反する効果の総合による 1 よりも幾分大きい値を想定している．

（ c ）　溶解・析出過程

相当量の液相が存在すると，この液相中に固体粒子が徐々に溶解するようになる．不規則な形状の粒子は，溶解・拡散・析出が起こり，次第に球状になり，小さな粒子は溶解して，大きな粒子表面に析出して，成長し，最終的には，同じ大きさの球状粒子になろうとする変化が起こる．液相量の多い場合は，直接の緻密化は起こらない．少量の液量が粒子間に取り込まれて，レンズ状部分を形成すると，接触部から溶解が始まり，粒界周辺に拡散して，溶解度の低い部分で，析出して粒子が互いに面接触して，緻密化する．これを溶解・析出過程と呼ぶ．

（ d ）　合体過程

溶解・析出過程での粒子の成長などによって，その界面エネルギー関係が $\gamma_{ss} < 2\gamma_{sl}$ のように変化して，液相が粒界から後退し，再び粒子同士が直接接触する状態に変わる．この液相焼結の最終過程では，粒子間の固相拡散によって支配される遅いものに変わり，この過程を合体過程と呼ぶ．その原因は固相粒子の合体が起こるためである．合体とは，接触した固相粒子の間の粒界が移動し，一つの粒子となることである．

5.4.6　結晶粒成長

普通は，焼結の初期段階では粒子成長は起こらないが，中期段階では，粒子境界の移動は容易になり，粒子成長が始まる．その結果，粒界は小粒側に移動し，大粒が成長し，気孔がつねに粒子の境界と交わって互いに連続している．焼結の終期段階では，粒子間の接触面積は十分大きくなっているので，境界が粒子接触部から移動することは，非常に容易なため急激な粒子成長が起こり，気孔が結晶粒内に取り込まれるようになり，いわゆる不連続粒子成長となる．このように焼結終期には，加熱に伴って緻密化と共に，結晶粒成長が起こる．

十分に緻密化する前に，結晶粒成長が起こると，気孔が結晶粒内に取り込まれ，その後の緻密化が困難になる．結晶粒の粗大化は，機械的性質の低下を招くので，焼結過程でできるだけ，結晶粒成長の抑制が必要である．

　粒成長は粒界の移動によって起こる．粒界移動の駆動力は粒界の曲率で，曲率半径が小さくなる程，移動速度つまり粒成長速度は大きい．今，粒径を G とすると，粒成長速度 dG/dt は，粒界の移動速度に比例する．粒界の曲率半径が粒径に比例すると仮定すると，粒界の移動速度は，粒径に反比例する[4]．すなわち

$$\frac{dG}{dt} = \frac{k'}{G} \tag{5・30}$$

時間 $t=0$ のときの半径を G_0 とし，時間 $t=0$ のときの粒径 G として式（5・30）を積分すると，

$$G^2 - G_0{}^2 = kt \tag{5・31}$$

が得られ，ここで $k=4k'$ である．不純物が粒界に偏析や析出して，粒成長を抑える場合には，経験的に粒成長の式は，次の3乗則の式で示される．

$$G^3 - G_0{}^3 = kt \tag{5・32}$$

一般的には，粒成長の式は

$$G^n - G_0{}^n = kt \tag{5・33}$$

で示される．

5.4.7　気孔の成長と形状変化

　気孔には，焼結体表面まで通じた開気孔と孤立した閉気孔があるが，焼結初期段階では，気孔はすべて開気孔であり，中期段階までは，気孔はまだ互いに連続している．焼結の進行による焼成収縮に伴って，開気孔の絶対量は減少する．焼結終期段階となると，気孔は結晶粒内に取り込まれ，それぞれ孤立するようになって，小気孔は次第に消滅し，大気孔は成長していく．結果として，平均気孔径は増大する．気孔が，それぞれ孤立すると，表面拡散や蒸発・凝縮機構による物質移動で，閉気孔に形状変化（すなわち球形化）を起こす．また，気孔は曲率半径による応力を受けるので，流動機構などにより，いくらか収縮しうるが，閉じた気孔は，収縮に伴う圧力増加によって平衡に達する．粒界に

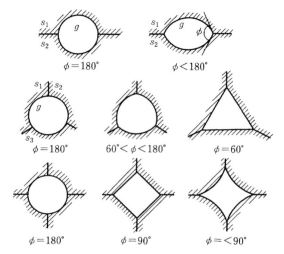

図 5.11　2面角 ϕ と気孔の形状
[出典：野田稲吉編，無機材料化学―Ⅰ，コロナ社]

接した気孔は，消滅しやすいが，粒界から離れた気孔は，小さな体積拡散係数
と長い拡散距離の結果，消滅に長時間要して，通常除きえない．図 5.11 に気孔
が粒界上にある場合と，3 個または 4 個の粒に囲まれた粒界の交差線上にある
場合について，粒界に垂直な平面で切った気孔断面の形状を示す[8]．一般に多数
の粒で囲まれた気孔ほど，また 2 面角 ϕ が小さくなるほど，気孔の曲率半径は
増大し，多面体化する．金属，Al_2O_3 などでは，$\phi=150\sim160°$ 程度で，ほとんど
球形として取り扱われる．気孔の量は，一般に気孔率として，体積分率で表さ
れる．開気孔率と閉気孔率の全量が，全気孔率ということになる．

　気孔の収縮によって，焼結体の密度は大きくなる．しかし，単調に収縮を続
けて消滅するものでなく，結晶粒界，他の気孔の影響などによって収縮速度が
変化し，逆に大きく成長する場合がある．一般に小さい気孔は収縮し，大きい
気孔は成長するという，いわゆるオストワルド成長が起こるとされている．気
孔径の変化については，次式で示される[9]．

$$r_p{}^3 - r_{p_0}{}^3 = Kt \tag{5・34}$$

r_p, r_{p_0} はそれぞれ時間 t, $t=0$ での気孔の平均半径で，K は温度によって決ま
る関数である．気孔の大きさの分布曲線の最大値は，時間の増加とともに気孔

径の大きい方へ移行する．しかし，焼結体中の気孔の全容積は変わらないので，焼結体の緻密化は起こらない．

5.4.8　緻密化過程

（1）　固相焼結の場合

固相焼結では，一般に空隙を皆無にし，真密度 d_t の焼結体を得ることはむずかしい．焼結体の見かけ密度を d_s とし，焼結による緻密化の進行度を密度比 d_s/d_t ないし相対密度または焼結体の密度変化で表すと，定温焼結体の密度変化は図5.12のようになる．焼結を行う温度が融点に近い程，焼結加熱の初期に緻密化し，時間の経過とともに平衡値に近づく．焼結体の緻密化の程度は，次の緻密化係数 D_f で評価される[10]．

$$D_f = \left(\frac{d_s - d_g}{d_t - d_g} \right) \tag{5・35}$$

ここで，d_g は焼結前の粉体もしくは圧粉体の密度を示す．また，D_f と焼結時間 t の間には

$$D_f = Kt^n \tag{5・36}$$

の実験式で表され，K は温度に依存する定数，n は 1 より小さい値で，主として物質移動機構に依存する定数である．

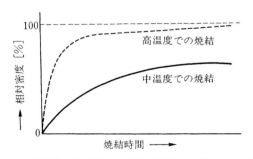

図 5.12　焼結体の均質化に伴う密度変化と焼結温度との関係

（2）　液相焼結の場合

液相焼結での寸法変化は大きく，時間と密度の関係は，一般に図5.13のようになり，初めのうちは液相による原子移動が激しく，急速に密度が上昇し，溶

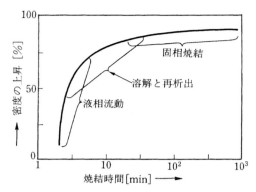

図 5.13　液相焼結における焼結体の密度と焼結時間との関係
［出典：石丸安彦著，粉末冶金の基礎と応用，技術書院］

解・析出の繰り返しになると，密度の上昇は小さくなる．これは大きくなった粒子が，液相を介してネットワークを作り，動きにくくなるからである．液相焼結の緻密化は，ぬれのよい場合は，液相が固相粒子の隙間に浸透し，液相の活動によって固相粒子の再配列が起こる段階が，固相粒子の充填が密になるので最も大きい．最終過程では，固相粒子の成長が見られるので，焼結体の緻密化は小である．その際にはオストワルド成長と固相粒子の間の粒界が移動し，一つの粒子となる合体が同時に起こる．

5.4.9　焼結助剤による焼結の促進

粒径が大きかったり，拡散速度が小さいなどの理由で，焼結性が悪い場合には，焼結剤を添加して，緻密化を促進させる方法が用いられる．粉末冶金分野では，焼結の促進の工夫として，物質移動を促進させて，合金化を図る．体心立方晶は面心立方晶より焼結が速い．これは金属中への拡散が前者の方がより速いからである．たとえば，Fe 合金の体心立方晶は，1000〜1300℃ の焼結温度では不安定だが，これに Fe-Si，Fe-Mo などのフェロアロイを添加すると，フェロアロイのフェライト相は安定なので，その添加量に応じて焼結が促進される．これは拡散が速いことに加えて，フェライト相の粒界が空格子点の捨て場となっているからで，この相の存在で結晶成長が押さえられている．

焼結助剤による緻密化促進の代表的なものは，助剤が，固溶体を形成する場

合と，液相や反応相などの第二相の生成によるものとがある[11].

（1）　固溶体生成による焼結の促進

　焼結助剤が，主成分中に固溶拡散することによって，格子空位の濃度を高め，その拡散によって焼結を促進するものである．助剤成分のイオン半径が，主成分のそれに近い場合には，助剤は置換固溶して結晶構造をひずませ，インタースティシャルなイオンと格子空位を作り出す．置換イオンの価数が高い場合には，格子空位の濃度は増加する．固溶による焼結の促進は，必要な格子空位などの量はさほど多くないので，一般には，助剤の添加量は少なくてすむ．

　助剤が主成分中に均一に固溶せず，粒界付近で濃度が高くなることがある．これを偏析という．偏析がある場合，粒界の移動速度が小さくなり，粒成長や焼結密度に影響する．助剤の添加量が多くなって，助剤が粒界に偏析するようになると，粒界の移動を妨げて粒成長を抑制する場合があり，この時には微細な結晶粒からなる高密度の焼結体が得られる．しかし，固溶速度が非常に遅かったり，固溶限界を越えた時に拡散を抑える反応生成物の生成があれば，焼結は逆に阻害される．

（2）　第2相液相および固相の生成による焼結の促進

　第2相の液相を介して高速の拡散・反応現象を起こすことにある，いわゆる液相焼結は，主成分化合物が焼結助剤との反応で生成した液相中に溶解し，液相中を拡散して析出することによって，緻密化するものである．第2相の液体が存在することでその特徴的な現象が現れる．まず初期焼結過程では，ネックの形成前に粒子再配列が起こることである．第二の特徴は緻密化および粒成長に寄与する粒径分布の影響が大きいことである．第三に焼結が進行すると，液相が粒界から押し出されていくと，気孔が充填していくことである．このことは，収縮は閉気孔が液相で完全に充填された状態になって停止する．第四の特徴は液相中の主成分の拡散が速いため，物質が固相表面の低エネルギー部で析出しやすく，主成分の結晶構造に由来した粒子形状を取りやすいことである．したがって，液相焼結の効果的促進は，あまり高くない溶解度，速い溶解速度と拡散速度，ぬれ性がよいことなどである．

　第2相が固相である場合，第2相への固溶や新しい反応生成物の生成が起こる．これは助剤の粒径や混合性が考慮されねばならない．ぬれ性が悪かったり，

混合が不十分であると，逆に焼結を抑制したり，異常粒成長が起こる場合がある．第2相が，焼結に無関係な粒子（粒子分散あるいはウィスカー分散セラミックス）である場合には，第2相粒子は粒界に伴って移動しにくいから，粒界の移動と粒成長を抑制する効果がある．

（3）　緻密化助剤

アルミナ，マグネシアなどの酸化物セラミックスの焼結に，0.5～2質量％LiF添加が緻密化に一層効果的である．その代表的な例を，緻密化助剤を用いたホットプレスの場合で，表5.2に示す[12]．CaOの緻密化にはLiFもNaFも効果的であるが，残留物の除去が容易でない．そのため高温強度は残留物が粒境界液相として残っているため比較的低い．

窒化ケイ素や炭化ケイ素などのエンジニアリングセラミックスの焼結では，高い耐熱性強度に結びつく高温での軟化変形のしにくさが，一面では拡散焼結のしにくさを意味するが，非酸化物の焼結は，酸化物に比較して非常にむずか

表 5.2　緻密化助剤を用いた時のホットプレスの条件

材料	添　加　剤	温　度 [℃]	圧　力 [kg/cm²]	相対密度 [％]
MgO	1～3wt％LiF，1～2wt％NaF	850～1050	300～700	100
CaO	2wt％LiF，2wt％NaF	1000	350	99
Al₂O₃	2％LiF	1100	350	98～99
SiC	Al，B，C	1650～2000	500～700	98
TaC	20～50vol％Co	1500	140	99.5
Si₃N₄	5％MgO	—	—	98

表 5.3　非酸化物の焼結に用いられる焼結助剤

	窒化ケイ素	炭化ケイ素
酸化物系助剤	MgO，Y₂O₃，La₂O₃，Sm₂O₃，Sc₂O₃，ZrO₂，MgO-Al₂O₃，MgO-Y₂O₃，Al₂O₃-Y₂O₃，BeO-MgO，Y₂O₃-SiO₂，Sm₂O₃-SiO₂，MgAl₂O₄，BeAl₂O₄，など	Al₂O₃，Y₂O₃，Al₂O₃-Y₂O₃，BaO-Y₂O₃，など
非酸化物系助剤	Mg₃N₂，Sr₃N₂，Be₃N₂-Mg₃N₂，AlN-Al₂O₃-SiO₂，Be₃SiN₂-SiO₂，など	B-C，B₄C-C，BN，AlN，AlN-C，AlB₂-C，Al₂O₃-C，Be-C，Al-C，など

[出典：外山茂樹編：機能性粉体，信山社サイテック]

しい．そのため，非酸化物セラミックスの焼結においては，通常表5.3に示すような焼結助剤が用いられる[11]．焼結助剤の種類によって，固相反応焼結または液相焼結により緻密化が進行し，それぞれに特徴的な微細組織が得られる．炭化ケイ素の場合は，酸化物系の助剤を用いた時には液相焼結で，非酸化物助剤を用いた時には固相反応焼結で進行する．一方，焼結助剤として，緻密化促進剤と粒成長抑制（促進）剤と区分して使用される場合がある．種々の酸化物，炭化物，窒化物およびホウ化物に用いられる緻密化促進剤と粒成長抑制剤を表5.4に示す[13]．

表 5.4 焼結助剤としての緻密化促進剤と粒成長抑制（促進）剤の区別

材 料	緻密化促進剤	粒成長抑制剤	粒成長促進剤
Al_2O_3	LiF	Mg, Zn, Ni, W, BN, ZrB_2	H_2, Ti, Mn
MgO	LiF, NaF	MgFe, Fe, Cr, Mo, Ni, BN	Mn, B
BeO	Li_2O	黒鉛	—
Si_3N_4	MgO, Y_2O_3, $BeSiN_2$	—	—
SiC	B, Al_2O_3, Al	—	—
TaC, TiC, WC	Fe, Ni, Co, Mn	—	—
ZrB_2, TiB_2	Ni, Cr	—	—
ThO_2	F	Ca	—
ZrO_2	—	H_2, Cr, Ti, Ni, Mn	—
$BaTiO_3$	—	Ti, Ta, Al/Si/Ti	—
Y_2O_3	—	Th	—
$Pb(ZrTi)O_3$	—	Al, Fe, Ta, La	—

［出典：D. W. Richerson 著，加藤誠軌他訳，ハイテクセラミック工学，内田老鶴圃］

5.5 焼 結 法

焼結技術には，表5.5に示すような常圧焼結法，加圧焼結法および反応焼結法がある．

5.5.1 常圧焼結法

この方法は無加圧で，ある雰囲気下で行う焼結法であり，無加圧焼結（pres-

表 5.5　焼結技術の分類例

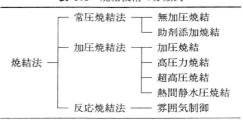

sureless sintering）と呼ばれる．常圧焼結で機械的特性に優れた緻密な焼結体
が作られている．しかし，焼結体の緻密性の点では加圧焼結法には及ばない．
このような場合には，原料粉末に適当な焼結助剤を添加して緻密化を図ってい
る．常圧焼結は，特別な加圧装置，圧力容器など必要としないので，適当な焼
結助剤さえ見つかれば，経済的にメリットの大きい焼結法である．

5.5.2　加圧焼結法

　加圧焼結法の分類は，表5.6に示すように焼成時に作用される圧力の大きさ
によって分けられる[14]．圧力が増加すると，反面均一に加圧加熱される容積は
小さくなる．

表 5.6　加圧焼結法と圧力範囲

名　称	圧力発生装置	圧力範囲[MPa]	型　材
ホットプレス法	ダイとパンチ	40 以下	黒鉛
高圧力焼結法	ピストン-シリンダー型	20～ 200 200～2000	Al_2O_3, SiC 鋼，WC
超高圧焼結法	多面体アンビル型，ベルト型	2000～5000	WC
熱間静水圧焼結法	不活性ガスの圧力媒体型	100～ 300	Ar, N_2 ガス媒体

（1）　ホットプレス法（hot pressing, HP）

　加圧焼結法として，従来最もよく利用されてきたのは，黒鉛のダイ（シリン
ダー）とパンチ（ピストン）を用い，高周波加熱による 20～30 MPa 程度の加圧
下で最高 2500℃ まで加熱可能な HP 法である．ホットプレス法は加圧焼結技
術としては，たいへん簡便であり，その上緻密焼結体を作製できることから，
広く利用されてきた．しかしながら，①黒鉛を使用するために，型材に圧力限

界がある．② 単純形状焼結体の作製には適しているが，複雑形状のものの作製は困難であるため，製品化には加工が必要となるなどの問題がある．

（2）　熱間静水圧焼結法（hot isostatic pressing, HIP）

　近年，超硬材料として注目されているダイヤモンドや立方晶 BN 焼結体作製には，ホットプレス法では圧力が低すぎるために，より高圧発生が可能な高圧力焼結技術へと進展し，また大型複雑形状の焼結体製造技術として，熱間静水圧焼結法（HIP）が開発され，金属やセラミックス粉体の焼結技術に応用されている．HIP とは，圧力媒体である液体のかわりに，アルゴンなどの不活性ガスを用い，試料容器としては肉薄金属円筒やガラス封入円筒を使用することにより，試料を約 100〜300 MPa まで，等方圧縮すると同時に，約 2000℃ までの温度条件で加熱処理ができる高温高圧技術である．図 5.14 に HIP 装置の系統図を示す[14]．HIP 装置は，ガスを圧縮する部分，加熱部を内蔵する高圧容器と温度圧力制御部からなっている．その最も重要な部分は，高圧容器で，100〜200 MPa のガス圧下で，内部に加熱部を内蔵し，熱電対が多く挿入され，均熱化と断熱を目的とした熱絶縁層が，加熱要素と高圧容器内壁間に設置された構造となっている．

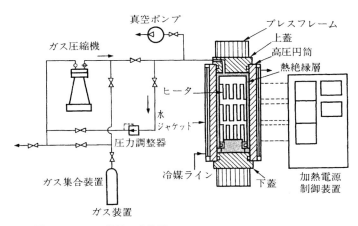

図 5.14　HIP 装置の系統図
　　　　［出典：日本金属学会会報，Vol. 24 (1985)，No. 2］

5.5.3　反応焼結法 〔reaction sintering〕

反応焼結は成形体を雰囲気中で加熱して，化学反応と焼結を同時に進行させるものである．たとえば，Si 粉末焼結体を N_2 ガス雰囲気中で，1300～1400℃ に加熱すると，

$$3\,Si + 2\,N_2 \quad \longrightarrow \quad Si_3N_4$$

の反応によって，Si_3N_4 焼結体が得られる．また，その他に以下の例がある．

$$Si + C \quad \longrightarrow \quad SiC$$

$$2\,SiO_2 + 4\,AlN \quad \longrightarrow \quad Si_2Al_4O_4N_4$$

この反応焼結法は，焼結体の寸法変化がほとんどなく，経済的にも Si_3N_4 や SiC の工業的製法として，広く利用されている．しかし，気孔や金属成分が残留しやすく，反応の制御が難しいことが欠点である．

5.5.4　その他の焼結法
（1）　射出成形法

金属やセラミックスの粉末に，多量の有機バインダーを加えた原料粉ペレッ

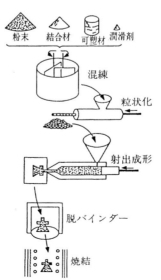

粉末　結合材　可塑材　潤滑剤

混練

粒状化

射出成形

脱バインダー

焼結

図 5.15　粉末射出成形法による
焼結材料の製造工程
〔出典：日本金属学会会報，
Vol. 32（1993），No. 4〕

トを加熱して，金型のキャビティに射出成形して，取り出した成形体からバインダーを除去した後，固相反応による焼結によって，固化するのが粉末射出成形技術である．図5.15に示す金属粉末射出成形（metal injection molding, MIM）プロセス[15]として脚光を浴びてきており，小型の複雑形状部品の量産技術として注目されている．従来より高温で焼結することにより，高密度化することができる．金属粉として，20～30 μm以下の超微粉が要求され，脱ろうに長時間要すること，残留空孔が消失できない材質も多く，バインダー適正化や製品の仕上りの寸法精度や，大型化など技術的に解決しなければならない問題も多く残されている．

（2） メカニカルアロイング法

メカニカルアロイング（MA）法は，図5.16に示すような強力な高エネルギー型ボールミルを用いて，異種粉末混合物と硬質ボールを密閉容器に装入し，強制加工的な変形・破砕を与えて，金属，セラミックス，ポリマー中に金属や，セラミックスなどを超微細分散化，混合化，合金化，アモルファス化させて，高温特性（特にクリープ破断特性）や耐食性などを著しく向上させる手法である．この方法は，常温近傍における金属粉末同士の均一化作用と合金化，アモルファス化作用であり，その組合せには制限が少なく，溶解法では得られない

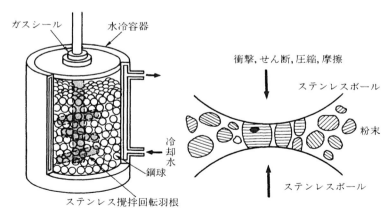

| （a） 高エネルギー型ボールミルのアトライター(ステンレス製) | （b） ボールミリングによる衝撃圧縮 |

図 5.16 高エネルギーボールミルと異種粉末に与える衝撃圧縮

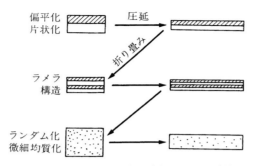

図 5.17　メカニカルアロイング法による異種材料の
超微細混合化プロセスの模式図

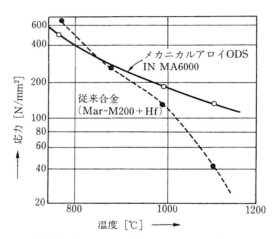

図 5.18　酸化物分散強化型超合金 MA 6000 と従来合金
（Mar-M 200，Ni-9 Cr-10 Co-12.5 W-SAl-2 Ti-1 Nb）
の 1000 h クリープ破断強度の比較
[出典：金属，第 61 巻（1991），No. 2，アグネ出版]

非平衡材料を創製することができる．図 5.17 に示すように MA 中に原料粉末
粒子は圧縮，圧延により偏平化し（第一段階），さらに粉砕，凝着によるニーディ
ング（kneading（折畳み））が繰り返され，ラメラ組織が発達し（第二段
階），結晶粒は微細化され，酸化物などの分散粒子を含む場合は，この段階で酸
化物粒子が取り込まれ，均一微細分散が達成される（第三段階）．
　インコアロイ社で生産しているメカニカルアロイ ODS（oxide　dispersion

strengthened) 超合金には，Ni 基，Fe 基のほかに Al 基のものがある．このう ち図 5.18 は，Ni 基 ODS 合金である MA 6000 の高温クリープ強度について， 従来の Ni 基超合金（γ' 相析出強化型）と比較したものである．高温でより安定 な Y_2O_3 を含む ODS 合金では 1270 K 以上でも，高い高温強度が保持されてい る．また，微細な Y_2O_3 粉の分散で，ODS 合金の優れた耐酸化性と耐食性を示 している．

（3）　衝撃圧縮による焼結[16]

粉体を衝撃圧縮して成形と焼結を同時に行う方法を衝撃固化技術（dynamic compaction technology）と呼んでいる．衝撃圧縮処理された粉末の高い反応活 性は粒子の微細化，構造欠陥の導入，さらに表面の活性化に起因する．一方， 衝撃圧縮下での高反応性には，高速物質移動による特異な混合が寄与する．粒 子表面の活性化は，主に衝撃表面での圧粉体の緻密化過程で生じ，その時の粒 子同士の衝突や摩擦と関連した強い塑性変形や衝撃波の通過に伴う空孔部での 粒表面からのジェット現象などによると考えられている．衝撃圧縮下では，通 常の拡散による移動速度より 4 桁も高い速度で原子が移動できる．さらに衝撃 圧縮では，圧粉体中での不均一性を反映した局所的高温発生による表面原子の 蒸発が起こる．この不均一な高温発生は，熱拡散により，急冷緩和される．こ れは非晶質材料粉末の焼結を可能にする重要なプロセスである．このような現 象を利用してダイヤモンドや炭化ケイ素などの他に酸化物（Al_2O_3，MgO など） の焼結体が合成されており，衝撃圧縮処理による結晶中のひずみの増加が著し くなる．

（4）　放電焼結法[17]

放電焼結（spark sintering）法は，高電圧，大電流，無加圧下または加圧下 で，低電圧，大電流通電により，粒子間の火花放電とプラズマ発生を行い，圧 粉力として電磁気力（ピンチ効果）を利用して焼結を行うものである．放電焼 結法は，プロセス時間と電流密度の大きさからみれば，抵抗焼結に類似してい るが，パルスを利用している点で異なる．放電焼結では，一般に矩形波直流パ ルス，on-off 制御山脈パルスあるいは直流パルス波を重畳した電力負荷が，単 独あるいは，これら二つを組み合わせた条件で行われる．図 5.19 は代表的な放 電焼結システムを示している．図 5.19(a) は，第 1 段階として矩形波直流パル

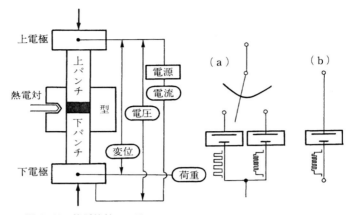

図 5.19　放電焼結システム
[出典：日本金属学会会報，Vol. 33（1994），No. 12]

スを負荷（第Ⅰモード）した後，第2段階として，直流＋パルス波（第Ⅱモード）を負荷する，2モードタイプの電源であり，図5.19(b)は，6相半波整流した山脈パルスを on-off 制御した，Ⅰモードタイプの通電機構となっている．放電焼結の機構は，① 金属酸化膜の絶縁破壊，② 金属/酸化膜界面の溶融，気化と酸化膜の機械的破壊，③ 粉体間のネック形成，④ ネック部の電流と発熱集中によるネック成長の促進，の4段階の過程がある．しかし，この機構の直接的な調べは，非常に困難であるため，詳細はまだ不明である．放電焼結法を利用した材料開発は，金属間化合物（NiAl など），傾斜機能材料（TiAl-ZrO₂ など），セラミックスと複合材料（SiC-Si など），機能材料（Na-Fe-Co-B），アモルファス合金（Al-Ni-Y 合金）がある．

5.6　粉末冶金法とセラミックプロセッシング

5.6.1　粉末冶金における合金化過程と均一微細組織

　焼結は，成形体を雰囲気中で加熱することにより，成形体の粉末粒子を結合すると同時に，異種金属元素の拡散によって合金化が進む．異種金属粉が混在している場合には，その一部が融解することにより液相が生じて，粉末粒子の

結合と合金化が進行する場合もある．その合金化の過程を理解することは，焼結材料の適正な条件を把握するのに有効である．

　焼結によって，混合された粉末粒子相互の間で拡散が起こる．全体が均一な合金になるためには，混合成分比の問題よりも，単純に粉末の粒子間距離と拡散とに関係する．焼結で粉末粒子間には粒界が形成され，かつ粒成長が生じる．焼結の過程は，① 粒間のネック形成と成長（初期），② ポアのネットワーク形成およびポアの分断と孤立化(中期)，③ ポアの球状化，消滅，オストワルド成長および粒成長（後期）の三つの段階よりなり，このような考え方が，いわば固相粒子の焼結過程の通例となっている．焼結の初期には，圧粉体は小さくなって密度が上昇するが，後に起こる密度低下はカーケンドール(Kirkendall)効果でポアの数が増え，これが収縮を押さえて，膨張することによるものである．そしてやがて収縮とカーケンドール効果のつり合いがとれて，密度の変化が少なくなり，合金化が完了する．この時，焼結の進行に伴う拡散の程度で，均質合金化が達成されたかどうかがわかる．この拡散の進行の程度は，X線スペクトル分析で知ることができる．粉末冶金における焼結組織は，焼結条件あるいは焼結機構や成分物質の結晶学的性質によって多種多様な形態をとる．多孔質から緻密質，不均一混合組織から均一組織，粗粒組織から細粒組織へと，さまざまな変化が可能であり，それぞれ目的組織の制御が重要となる．図5.20に代表的な粉末冶金の焼結組織を示す[18]．粉末冶金法を用いると，組織の均一性および微細な組織などが得られ，特性が向上して，機械的性質の改善が期待される．その応用として，フィルタ，含油軸受および機械部材や磁性材料などがある．

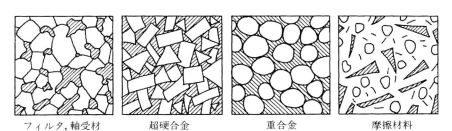

| フィルタ，軸受材 | 超硬合金 | 重合金 | 摩擦材料 |

図 5.20 粉末冶金における焼結組織の模式図
[出典：金属便覧，日本金属学会編，丸善]

5.6.2　セラミックプロセッシングにおける微構造

　セラミックス焼結体は，一般に多結晶体である．その性質は化学組成のみならず，組織または微構造によって大きく影響される．すなわち，セラミックスはミクロ複合体で，その組織として粒界に空孔や第二相などが存在して，それらが材料の特性に大きな影響を与えている．

　個々の微結晶の結晶方位は，あらゆる方向に分布しているため，単結晶のような異方性はなく，そのうえ粒界角に応じて粒界には，格子ひずみを緩和し，粒界電荷を中和するために不純物イオンが凝集しやすくなる[19]．すなわち，焼結過程で，空孔が不純物イオンを粒界まで運び，不純物粒界偏析が生じる．不純物濃度が固溶限を越えると，粒界には結晶質あるいはガラス質の第2相が析出する．

　焼結体の微構造は主成分結晶粒子，粒界，気孔および異成分介在相の四つの基本成分からなる．主結晶粒子の化学組成，結晶形，大きさと形状および配向度，粒界の化学組成と厚さ，気孔の量，大きさと形状および位置，異成分介在相の量と位置などのさまざまな組合せによって焼結体の性質は大きく変化する．セラミックス焼結体では，結晶粒子と粒界は不可欠であるが，気孔および異成分介在相は，その含有量はほとんど0にまで減少させることができる．図5.21に緻密焼結体の微構造の例を示す[20]．図5.21(a)は微量の焼結助剤添加で透明性焼結体の微構造であり，図5.21(b)は第2成分がほとんど固溶せず融液となり，粒界に異成分介在相として存在している．図5.21(c)の微構造は粒内に微

  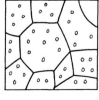 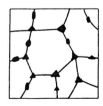

（a）透明性　　　（b）粒界偏析層　　　（c）粒内微　　　（d）粒界に不連
　　焼結体　　　　　　　　　　　　　　　小孔　　　　　　続粒状析
　　　　　　　　　　　　　　　　　　　　　　　　　　　　出物

図5.21　緻密多結晶セラミックスの微構造

小孔があり，不透明性を示しており，図 5.21(d) は，粒界に気孔または固溶しない異成分介在相として，形成している場合である．

　焼結体の微細構造は

①　粒子形態とその立体配置

②　粒界性状

③　組織の均一性

の 3 要素[19] により把握できる．またさらに，微細構造は，原料粉末および焼結助剤の性質と焼結条件の 3 因子によっても支配される．セラミックプロセッシングは，セラミックスの合成法，構造・組織，機能の三者機構によって基本的に成り立つ．我々が目的とする機能はセラミックスの構造・組織に依存して発現することであり，セラミックプロセッシングによって直接制御できるのはこの微構造であるということである．したがって，優れた機能を得るには，原料粉末合成法，焼結技術，微構造制御技術，加工技術などが一体となって，セラミック構造・組織の適切なファイン化を目指すことが重要と思われる．

演 習 問 題

5.1　フィックの第 1 法則および第 2 法則について説明しなさい．

5.2　短回路拡散について説明し，この拡散に及ぼす温度の影響について説明しなさい．

5.3　固相焼結初期におけるネック部の成長の特徴を記しなさい．

5.4　固相焼結の進行に伴う初期段階，中期段階，終期段階の性質の変化について記しなさい．

5.5　拡散機構による焼結を簡潔に述べなさい．

5.6　焼結における粘性流動と塑性流動の相違を記し，それらの機構による焼結材料例を挙げなさい．

5.7　液相焼結における溶解・析出と合体過程について説明しなさい．

5.8　セラミックスの微構造を図示し，その粒界の諸性質に及ぼす影響について述べなさい．

5.9　次の用語を説明しなさい

①　ネック　　②　開気孔　　③閉気孔　　④　空孔の湧出し口

　⑤　空孔の吸込み口　　⑥　収縮率

5.10　焼結における，① 蒸発・凝縮，② 粘性または可塑流動，③ 拡散，④ 溶解・析出による物質移動の駆動力はそれぞれ何か.

5.11　焼結体の緻密化法を挙げて説明しなさい.

5.12　焼結助剤の使用目的は何か.

5.13　反応焼結の利点と欠点は何か.

参 考 文 献

（ 1 ）　宮島信夫：ニューセラミックス，地人書館（1994）.

（ 2 ）　P. ギラルダンク著，平野賢一，岡田健訳：技術者の拡散入門，共立出版（1978）.

（ 3 ）　渡辺慈朗，斉藤安俊：基礎金属材料，共立出版（1979）.

（ 4 ）　柳田博明，永井正幸：セラミックスの科学，技報堂出版（1981）.

（ 5 ）　橋本謙一，浜野健也：セラミックスの基礎，共立出版（1975）.

（ 6 ）　守吉佑介他：セラミックスの焼結，内田老鶴圃（1995）.

（ 7 ）　浜野健也，木村脩七：ファインセラミックス基礎科学，朝倉書店（1990）.

（ 8 ）　野田稲吉編：無機材料科学- I ，コロナ社（1977），3 章，p. 158.

（ 9 ）　庄司啓一郎，永井宏，秋山敏彦：粉末冶金概論，共立出版（1984）.

（10）　井伊谷鋼一編：粉体工学便覧，日刊工業新聞社，p. 387-395.

（11）　外山茂樹編：機能性粉体，信山社サイテック（1991），第 5 章.

（12）　素木洋一：セラミック製造プロセス，技報堂出版（1978）.

（13）　D. W. Richerson 著，加藤誠軌他共訳：ハイテク・セラミック工学，内田老鶴圃（1982）.

（14）　島田昌彦，佐藤次雄：(ニューセラミックスの製造技術)日本金属学会会報，第 **24** 巻（1985），No. 2，p. 95.

（15）　三浦秀士：日本金属学会会報，第 **31** 巻（1992），No. 8，p. 711.

（16）　沢岡昭，明石保：溶接学会誌，第 **59** 巻（1990），No. 4，p. 275.

（17）　柳沢平，畑山東明，松本一弘：日本金属学会会報，第 **33** 巻（1994），No. 12，p. 1489.

（18）　渡辺龍三：金属便覧，日本金属学会（1990），p. 955.

（19）　白崎信一，加藤昭夫：セラミクス材料プロセス，オーム社（1987），p. 98.

（20）　功刀雅長，加藤悦朗，長坂克巳：無機材料，共立出版（1980），p. 171.

第6章
粉体の特性とその評価

6.1 粉末の特徴

　粉粒体，多くは簡略に粉体といわれるものの概念は，通常広く認められ，実際に広く用いられている．粉体特性としては表6.1のようなキャラクタリゼーションが考えられるが，第1の特徴は幾何学的特性である．

表 6.1　粉体のキャラクタリゼーション

分　類	キャラクタ
粒子形状	粒径 粒径分布 粒子形 密度 かさ密度，1次粒子，2次粒子，3次粒子 構造，空孔分布
表面特性	比表面積，ぬれ特性，湿潤熱，液中分散性 表面電位 表面エネルギー
凝集状態	凝集の程度 凝集粒子の大きさ，形，密度
化学組成	主成分の組成，種類，量，非化学量論性 微量成分，分布
結晶学的性質	結晶形，結晶性，格子定数
物理的特性	光学的性質：屈折率，反射率，黒度 電磁気的性質：電気抵抗，帯磁率
力学的特性	粒体粒子の付着力，粒体層の内部摩擦角，充填性
レオロジー的特性	流動特性，バルク密度

6.1.1　粒子の大きさ

粒子の大きさ，すなわちデイメンションがどれくらい大きい意味をもつかは粉粒体の対象とするものが，時に数十 cm のオーダに及び，細かい方では数 nm のオーダに及んでいる．粉体粒子は粒体，粉体，微粉体，超微粉体の名で呼ばれている．

粒子の大きさは電子顕微鏡あるいは光学顕微鏡によって直接観察できる．粉末を構成する粒子の形がすべて球状や立方体であれば，その粒径は直径や一辺の長さで示すことができるが，実際の粒子形は粉末の製造方法の違いなどでいろいろな形をしている．したがって，どの長さを径とするかの定義が必要である．表 6.2 に粒子の代表径の定義と図 6.1 に不規則形状粒子の代表径の取り方を示す[1]．

表 6.2　粒子の代表径

定義の仕方		名　　称	定　義　式
長さ径	代表長さ径	短径（短軸径）	b
		長径（長軸径）	l
		厚み	h
	軸平均径	2軸平均径（算術平均）	$(1+b)/2$
		2軸平均径（幾何平均）	$\sqrt{1 \times b}$
		3軸平均径（算術平均）	$(1+b+h)/3$
		3軸平均径（幾何平均）	$\sqrt[3]{1 \times b \times h}$
		3軸調和平均径	$3(1/1+1/b+1/h)^{-1}$
	定方向径	Feret 径	
		Martin 径	図 6.1 参照
相当径	円相当径	投影面積円相当径（Heywood 径）	$\sqrt{4f/\pi}$
		投影周長円相当径	L/π（L：投影粒子周長）
		外接円相当径	
		内接円相当径	
	球相当径	等堆積球相当径	$\sqrt[3]{6V/\pi}$
		等表面積球相当径	$\sqrt{S/\pi}$（S：粒子表面積）
		沈降速度球相当径（有効径）	ストークス径

［出典：化学工学協会編，化学工学便覧，丸善］

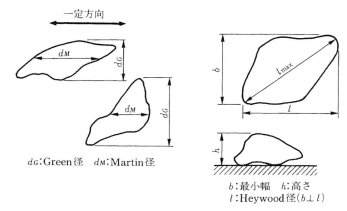

一定方向

d_G:Green径　　d_M:Martin径

b:最小幅　　h:高さ
l:Heywood径$(b \perp l)$

図 6.1　不規則形状粒子の代表径のとり方
[出典：化学工学協会編，化学工学便覧，丸善]

6.1.2　比表面積

　比表面積は，単位重量の粉体中に含まれる全粒子の表面積の総和 $S_w[\mathrm{cm^2/g}]$ で表すが，単位体積当たりの全表面積 $S_v\,[\mathrm{cm^2/cm^3}]$ で示すこともある．ここで単位体積というのは，粉体の見かけの体積（かさ）でなく，固体分の実質体積を示す．したがって比表面積 S_w と粒径 d の間には

$$S_w = \frac{a}{\rho_p d} \tag{6・1}$$

で表される．ここで，ρ_p は密度，a は形状係数で，a は粒子が等軸形（球や立方体）のとき 6 である．このように比表面積は表面積に関係した平均粒子径の逆数として定義できる．

6.1.3　粒度測定法

　ある粒体を構成している粒子群の平均的な粒子の大きさの概念を粒度という．現在，よく利用されている粒度測定装置を分類すると，表6.3[(2)] のようになる．一般的な粒度測定法を試料の状態，要求される測定精度，試料の粒度範囲などによって分類すると表6.4[(2)] のようになる．精密な粒度測定が要求されるときでも，だいたいの粒度を知っておかねばならないが，この場合簡単に顕微鏡で

表 6.3　粒度測定法の選択の例

状　態	測定の目的	粗粉体	微粉体	超微粉体	試料量
		cm　　mm　　100 μm	10 μm　μm	100 nm　　10 nm　　nm	

粉　体
- だいたい
  - 分布
    - ―ふるい―　……
    - ―顕微鏡―　…
    - ―触感―　…
  - 平均
    - ―かさ比重―　……
    - ―透過法―　…
- 詳細
  - 分布
    - ―ふるい―　……
    - ―カスケード―　…
    - ―顕微鏡―　―電子顕微鏡―　…
  - 平均
    - ―透過法―　…
    - ―吸着法―　…
    - ―浸漬熱―　…

懸濁液（湿式法）
- だいたい
  - 分布
    - ―ふるい―　……
    - ―グラインド計―　…
    - ―顕微鏡―　…
    - ―沈降法―　…
  - 平均
    - ―沈降体積―　……
    - ―湿式透過法―　……
- 詳細
  - 分布
    - ―ふるい―　……
    - ―顕微鏡―　…
    - ―電子顕微鏡―　…
    - ―沈降法―　…
    - ―遠心沈降法―　…
  - 平均
    - ―コールターカウンター―　…
    - ―光散乱―　…
    - ―液相吸着法―　…

…比較的多い　‥少量　・微量

［出典：久保輝一郎ら，粉体＝理論と応用＝，丸善］

観察する程度でよい.

6.2　粉末製造法と生成粉の性質

　粉末の性能を決める因子としては，成分偏析のない固溶体を得るための凝固冷却速度制御や，均一微細な析出物を得るための粉末粒子の粒径制御が重要で

表 6.4 よく利用される粒度測定の分類

原 理	測定方法	測 定 範 囲 mm μm nm	測定粒子径	分布基準	試料状態
計 数	光 学 顕 微 鏡		長さ,面積ほか	個数分布	W, D
	電 子 顕 微 鏡		〃	〃	D
	コールターカウンター (Coulter Counter)		球 相 当 径	重量分布	W
	光 散 乱 (OWL)		〃	〃	W, D
ふ る い	ふ る い 分 け		ふるい目開き	重量分布	W, D
沈降速度	重 力 沈 降 法		ストークス径	重量分布	W, D
	遠 心 沈 降 法		〃	〃	W, D
	光 透 過 法		〃	面積分布	W
	風ふるい,水ひ		〃	重量分布	W, D
慣 性 力	カスケードインパクター		ストークス径	重量分布	D
	サ イ ク ロ ン		〃	〃	W, D
透 過 性	コゼニー-カーマン法		比 表 面 積		W, D
	ク ヌ ー セ ン 法		〃		D
吸 着	B E T 法		比 表 面 積		D
	流 動 法		〃		W, D
浸 漬 熱	浸 漬 熱 法		比 表 面 積		W

W：湿式　D：乾式　　　　　　　　　　[出典：久保輝一郎ら,粉体＝理論と応用＝,丸善]

ある.これら粉末の特徴を生かしながら,微粉化による一層の分散性・均質性・高焼結性を図れるガスアトマイズによる高清浄微粉末の製造が特に注目されている.

アトマイズによる粉末製造では,高温の溶湯流が高速の噴射ガスによって粉砕・冷却される.噴射ガスの運動エネルギーがある効率をもって溶融状態の粒子の表面エネルギーに変換する.ガスアトマイズで得られる粒子は表面酸化は少なく,ほぼ真球であり,対数正規分布に従った粒度分布を示す.アトマイズ粉末は比較的比表面積が大きいため,ガス吸収や保管時の水分吸着がある.噴霧による酸素のピックアップ,タンク内の残存空気,タンク壁の吸着ガス,耐火物の影響が無視できない.

図6.2に代表的な金属粉の製造法とそれによって製造される粉末の種類を示した.これらのうち,現在研究開発が盛んなのはアトマイズ法とメカニカルアロイング法である.蒸発凝縮法によって得られる粉末は平均粒子径数 nm から数百 nm に及ぶ超微粒子からなり,極めて活性で通常酸素量が 10% を越える.

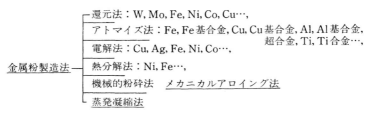

図 6.2　金属粉製造法の種類

そのような超微粒子は粉末冶金分野ではまだ実用されていない．

6.2.1　酸化物還元法

酸化物粒子を H_2, CO, 分解アンモニアなどの気流中で還元して粉末を製造する方法であり，生成粉は成形性，焼結性がよい．Fe, Co, Cu, Mo, W などの粉末が実用に供されている．

WO_3, MoO_3, Fe_2O_3, CoO などの微細な酸化物の結晶を比較的低い温度で還元すると，生成した金属粒子はもとの酸化物の外形をとどめる．たとえば，WO_3 の場合，還元の初期に結晶内部に無数の W 核が発生してそこで球状の1次粒子が成長する．それらが相互に接触し，焼結して2次粒子を形成するが，その2次粒子の外形は母塩のパラタングステン酸アンモニウムとほとんど相似形を呈する．このように酸化物内部に金属核が生じる場合には，還元率は酸化物粒子径に依存しない．酸化物が比較的大きくて緻密なとき，高温還元によって生成した多孔質金属層は酸化物表面から中心に向かって球殻状に成長するから，還元率は酸化物粒子径の関数になる．

（1）　鉄粉の製造

磁選処理した磁鉄鉱またはミルスケールをコークスと石灰との混合層で挟むように SiC 製サガーに充填し（図6.3参照），台車に載せて 140～170 m と長いトンネルキルン中に送り，1270～1470 K で加熱すると，次の反応によって海綿鉄が生成する．

$$CaCO_3 \longrightarrow CaO + CO_2$$
$$CO_2 + C \longrightarrow 2\,CO$$
$$Fe_3O_4 + 4\,CO \longrightarrow 3\,Fe + 4\,CO_2$$

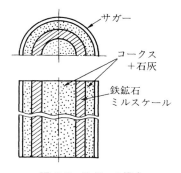

図 6.3 サガーの構成

この場合，還元率は 96～97% 程度に止める．還元時間を延ばして還元率をさらに上昇すると，浸炭がおこり，コークスの消費量が増す．還元温度を 1520 K まで高くすると海綿鉄の表面に緻密な浸炭焼結層が生じて内部の還元が遅れる．室温に冷却後，サガーから取り出して破砕し，コークスと石灰を除く．海綿鉄は粉砕，磁選処理後，H_2 または分解アンモニア気流中で 1070～1250 K で仕上げ還元される．粉末は写真 6.1 の粒子断面形状のように多孔質な 2 次粒子よりなるが，小さい 1 次粒子が形態をとどめて，成形性がよい．圧縮性を改善するには見かけ密度を高くする．それには粉末をミリング処理して 1 次粒子による突起を平滑化し，再度仕上げ還元を行う．

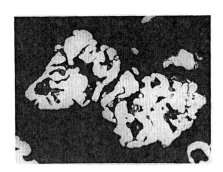

写真 6.1 還元 Fe 粉の断面形状

（2）　W 粉の製造

　鉱石としてウォルフラマイト（wolframite）およびシーライト（scheelite）が用いられる．ここでは前者を利用する製造法を述べる．

　まずウォルフラマイトを 970〜1070 K で焙焼し，P，S，As，Mo などの不純物を揮発，除去する．それを粒度 75 μm 以下に粉砕し，NaOH を加えてオートクレーブ中で 370 K 以上に加熱すると，次の反応によって WO_3 が溶解する．

$$(FeMn)WO_4 + 2\,NaOH \longrightarrow Na_2WO_4 + (FeMn)(OH)_2$$

さらに $CaCl_2$ 水溶液を加えて $CaWO_4$ の白色の結晶を沈殿させる．

$$Na_2WO_4 + CaCl_2 \longrightarrow CaWO_4 + 2\,NaCl$$

それに 370 K 以上の HCl を加えて撹拌した後，少量の NaOH を加えて酸化すると黄色を呈するタングステン酸が沈殿する．

$$CaWO_4 + 2\,HCl \longrightarrow H_2WO_4 + CaCl_2$$

タングステン酸にアンモニア水を加えてろ過，濃縮すると白色板状のパラタングステン酸アンモニウム $5(NH_4)_2O(12\,WO_3 \cdot 5\,H_2O)$ が生成する．これを H_2 気流中で 670〜720 K に加熱すると，W_4O_{11} (blue oxide) が，また空気中で 1070 K に加熱すると WO_3 が得られる．これら酸化物を H_2 気流中，1070〜1270 K で還元すると，

$$WO_3 + H_2 \longrightarrow WO_2 + H_2O$$

$$WO_2 + 2\,H_2 \longrightarrow W + 2\,H_2O$$

の反応によって W 粉を得る．粉末の粒度はタングステン酸とパラタングステン酸アンモニウムの生成条件や還元条件などを調整すると大幅に変わる．

（3）　Mo 粉の製造

　輝水鉛鉱 MoS_2 を 770〜870 K で焙焼すると，

$$2\,MoS_2 + 7\,O_2 \longrightarrow 2\,MoO_3 + 4\,SO_2$$

生成物にアンモニア水を加えてろ過し，パラモリブデン酸アンモニウム

写真 6.2　Mo 粒子の外形

$3(NH_4)_2O(7MoO_3 \cdot 4H_2O)$ とし，これを低温で還元して得た MoO_2 を H_2 気流中，$1270 \sim 1370 K$ で還元する．

$$MoO_2 + 2H_2 \longrightarrow Mo + 2H_2O$$

この反応で生成した Mo 粒子の形状を写真 6.2 に示す．写真中の小さい球状粒子は 1 次粒子で，それが相互に焼結，成長して大きい六面体や斜方十二面体の結晶になる．このように成長した 2 次粒子は母塩の外形をとどめない．

（4） Co 粉の製造

微粉を製造するシュライト・ゴードン（Schrrite-Gordon）法の例をあげる．温度 330 K，CO_2 圧力 $0.4 \sim 0.7 MPa$ のオートクレーブ中で次の反応を行い，生成した $CoCO_3$ を H_2 気流中，$570 \sim 970 K$ で還元する．

$$Co(NH_3)_xSO_4 + CO_2 + H_2O \longrightarrow$$
$$CoCO_3 + (NH_4)SO_4 + (x-2)NH_3$$
$$CoCO_3 \longrightarrow CoO + CO_2$$
$$CoO + H_2 \longrightarrow Co + H_2O$$

$CoCO_3$ に Y_2O_3，TiO_2，Ce_2O_3 などを添加すると，Co 粒子の焼結，成長が阻止されて微粉が得られる．この方法による粉末の粒度は $0.2 \sim 5 \mu m$ と小さい．

6.2.2 アトマイズ法[3]

（1） ガスアトマイズ法

空気，N_2，Ar などのジェットによって金属溶湯を粉化する方法で，ジェットの発生方式，速度，ガスの種類などによって生成粉の性質がかわる．発生方式には円錐形，V 形，ペンシル形などがあり，溶湯の供給方式と組み合わせて種々のノズルが実用されている．ガスジェットには生成粒子の形状，酸素量，冷却速度，経済性などを考慮して空気，変成ガス，N_2，Ar，He などが用いられる．その亜音速状態では平均粒子径数十〜数百 μm，ジェット速度がマッハ 2〜3 の超音速状態では衝撃波の効果の活用状況にもよるが，$10 \sim 20 \mu m$ 程度の粉末が得られる．通常ガスアトマイズは写真 6.3 に示すような球状粉を作る目的で行うから，サテライトをもつ粒子の生成を防がねばならない．成因は粒子間の衝突にあり，ジェット中での粉化時およびアトマイズタンク内における生成粒子の浮遊，還流時の粒子間の衝突の確率を低く抑える条件の選定，装置構

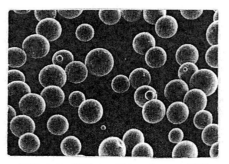

写真 6.3　SUS 304 相当ステンレス鋼粉

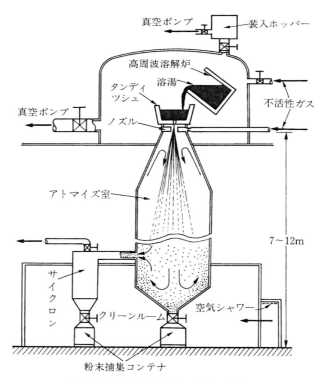

図 6.4　不活性雰囲気ガスアトマイザー

造の工夫が必要である．

　ガスアトマイズによる粉末の平均粒子径 d は一般に次の式で与えられる．す

なわち,

$$d = K\left\{\frac{\eta_M D \gamma_M}{\eta_G V^2 \rho_M}(1+X)\right\}^{1/2} \tag{6・2}$$

ここに, η_M, η_G はそれぞれ溶湯の粘性, ガスの動粘性係数, V はガスの速度, ρ_M, γ_M, D はそれぞれ溶湯の密度, 表面張力, 直径, X は溶湯流量/ガス流量を表す.

アトマイズされた粒子の冷却速度は, 生成粉の粒子径によって異なり, 亜音速状態で生成した粒子では $10^2 \sim 10^3 \mathrm{ks}^{-1}$, 超音速状態で $10^5 \mathrm{ks}^{-1}$ 程度とみてよい. この差は, 高速の溶滴が衝突してフレイクを作らないためのタンクの有効高さを大きく変える. 亜音速装置のタンクは 6m を越えるが, 超音速のものは 1～2m に納められる. 超音速アトマイズ粉は, 冷却速度が高く微粉で比表面積が大きいにもかかわらず酸素量は 10～50ppm と低い. 亜音速の場合でも装置構成を工夫し, 適正な粉化条件を選択すると酸素量を 50ppm 程度に低下できる. 図6.4に不活性雰囲気ガスアトマイザーの装置構成の一例を示す. 最近ガスアトマイズで Ti 合金粉を製造する技術が開発された.

（2） 水アトマイズ法

ガスに比較して冷却効果の大きい水ジェットで溶湯を粉化すると, 溶滴が分裂および衝突時に近い状態で凝固するため, 不規則形状の粉末が得られる. ところで水アトマイズは普通, 空気または N_2 や Ar などの雰囲気中で行われる. ジェットが高速になると当然その雰囲気を吸引して水とガスの混合流体で粉化することになる. つまり実際は冷却効果も粉化における質量効果も水単体より小さくなっている. 粉末冶金でよく使われる $-150\mu\mathrm{m}$ 粉は平均粒子径が 50～70$\mu\mathrm{m}$ であるが, それを水アトマイズで作るには, ジェット発生水圧として 10～20MPa を用いる例が多い. 図6.5には Cu, Fe および SUS 430 相当ステンレス鋼溶湯を水アトマイズした場合に, 生成粉の粒度分布とジェット発生水圧との関係を示す. （ ） 内の数値は順にメジアン径, 幾何標準偏差を表す. 頂角約 0.79rad の円錐状水ジェットで粉化したため溶滴の衝突の確率が高く, 粉末は 2 次粒子からなる. 写真6.4は, Cu 粒子を構成する 1 次粒子の状態を観察したものである.

ジェット発生水圧をさらに上昇すると微粉化が進む. 図6.6は 7075 アルミニ

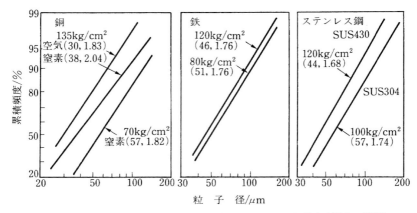

図 6.5　Cu，Fe，ステンレス鋼粉の粒度分布とジェット発生水圧との関係

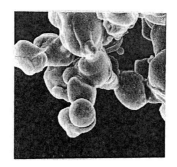

写真 6.4　水アトマイズ Cu 粉の 1 次粒子

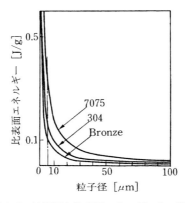

図 6.6　粒子径と比表面エネルギーとの関係

ウム合金，304 ステンレス鋼，すず青銅の球状粒子を仮定して粒子径と比表面エネルギーの関係を求めたものである．図から 100 μm の粒子を 50 μm にするのに要するエネルギー増加に比較して，10 μm の粒子を 5 μm にする場合のエネルギー増加はかなり大きいことがわかる．水アトマイズの効率は 3% 程度と見積もられ，粉化エネルギーは表面エネルギーをはるかに越える必要がある．微粉を製造する高圧水アトマイズ法では必要に応じて 50〜150 MPa と高圧力の水ポンプを用いる．図 6.7 には SUS 316 相当ステンレス鋼粉の粒度分布および −25 μm 粉の収率とジェット発生水圧との関係を示す．アトマイズ法による

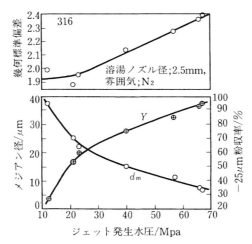

図 6.7 SUS 316 相当ステンレス鋼粉の粒度分布および
−25 μm 粉の収率とジェット発生水圧との関係

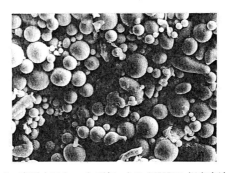

写真 6.5 高圧水アトマイズ法による SKH 51 相当高速度鋼粉

粉末の特徴の一つに，粉末の見かけ密度が粒子径の縮小につれて上昇し，臨界径（$=16\gamma/\rho_g V^2$）に近い粒子はほとんど球状を呈することである．微粉化が進むと粒子は球状化する．写真6.5に高圧水アトマイズ法によるSKH 51相当高速度鋼の球状粉を示す．このように球状化した微粉が射出成形用原料として望ましい．水アトマイズしたFe粉や高速度鋼粉は還元雰囲気中または真空中で脱酸，焼鈍して粉末酸素量を低くし，併せて成形性，圧縮性などの向上を図る．

　圧縮性，再圧縮性を改善するためにFe粉表面にNi，Cu，Moなどをわずかに合金化させた部分合金化粉はとくにわが国で好んで用いられる．

6.2.3　電解法
（1）　水溶液電解法
　陰極析出物がもろい板状になる条件で電解し，機械的に粉砕する直接法と析出物を粉末状とする間接法が実用されている．前者ではFe, Crなどが，後者ではCu, Agなどの粉末が製造されている．直接法の電解条件は陰極面での金属核生成速度を増し，結晶を極面に対して垂直な方向に成長させるように①金属イオン濃度を低く，②電流密度を高くして，③液の温度を下げ，撹拌を抑え，④中性塩を添加する，など条件を整える．金属イオン濃度は液の温度より効果が大きく，液の過度の撹拌は電流密度を高くした効果を低減する．中性塩たとえばNa_2SO_4は，S^{2-}として陰極析出物の緻密化を阻止する効果をもつ．Cl^{2-}は

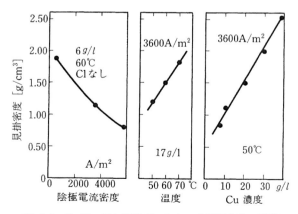

図 6.8　Cu粉の見かけ密度のおよぼす電解条件の影響

樹枝状晶の枝の成長を促す．図 6.8 は Cu 粉の見かけ密度に及ぼす電解条件の影響を示す[4]．写真 6.6 には電解 Cu 粒子の外形を示す．陽極には析出金属と同じ材質を用いるが，陽極スライムが析出粉に混入するのを避けるため高純度なものを選ぶ．陰極には不溶性の材質として Al, Ti, ステンレス鋼などが推奨される．電極は両極平板を定間隔でサンドイッチ状に配置する方式が基本的である．析出物（粉末）が成長すると陰極面積が増加して電流密度が低下し，析出が進むにつれて粉末粒度が粗くなるので極板に析出した粉末は定期的に除去する．

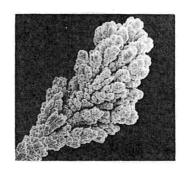

写真 6.6　電解 Cu 粒子の外形

（2）　溶融塩電解法

（a）　タンタル粉

原料を Ta_2O_5, 支持塩を K_2TaF_7 とするが，電解浴としては 52.5% KCl, 33.5% KF, 10% K_2TaF_7, 4% Ta_2O_4 を用いる．陽極は黒鉛棒，陰極を Ni または Mo の棒あるいは板とし，浴温 1000～1040 K，陰極電流密度 7000～9000 A/m² で電解する．析出物を陰極から採取し，ボールミルで 75 μm 以下に粉砕後，フッ化物，塩化物などの不純物を除去する．

（b）　バナジウム粉

VCl_3 を H_2 気流中，870 K で還元して VCl_2 とし，これを原料として LiCl, KCl, VCl_2 の溶融塩溶液中で温度 870 K，電圧 1.5～2.0 V で電解する．析出晶は針状で O_2 100～600 ppm，N_2 30～100 ppm で加工性がよい．

6.2.4　熱分解法

（1）　カルボニル法

（a）　Fe 粉

　まず比表面積の大きい Fe 酸化物を H_2 中で還元して活性化した後，圧力 130～180 atm，温度 443448 K で CO ガスと反応させて鉄カルボニルを作る．この物質には $Fe(CO)_5$，$Fe_2(CO)_9$，$Fe_3(CO)_{12}$ などの種類があるが，Fe 粉の製造にはペンタカルボニル $Fe(CO)_5$ を用いる．これは Fe 28.5% を含み，融点 252 K，沸点 375.8 K で室温では黄色の液体である．これを約 510 K に保った分解塔内へ噴霧し，次の反応によって Fe 粉を作る．すなわち，

$$Fe(CO)_5 \longrightarrow Fe + 5\,CO - 964.0 \ kJ/g\cdot mol$$

$$2\,CO \longrightarrow CO_2 + C$$

生成した Fe を触媒とする発熱反応である．粉末は数 μm の球状で，$3\,Fe + 2\,CO \longrightarrow Fe_3C + CO_2$ および $Fe + CO_2 \longrightarrow FeO + CO$ の反応による炭化物と酸素を含む．炭化はアンモニアが微量に存在すると減少するが，粉末に窒素が含まれる．

（b）　Ni 粉

　Ni 粉はニッケルカルボニル $Ni(CO)_4$ を約 450 K の分解塔に噴霧し，次の反応の熱分解によって作られる．この場合，Ni を触媒として進む．

$$Ni(CO)_4 \longrightarrow Ni + 4\,CO - 622.2 \ kJ/g\cdot mol$$

Ni は触媒としての活性度が Fe より低いため，写真 6.7 に示すように針状の突起に覆われた粒子になる．

写真 6.7　カルボニル Ni 粉の外形

（2）　水素化物の熱分解法

Ti, Zr, Ta, Th, U などの粉末はそれらの水素化物を真空中で加熱，脱水素する方法でも作られる．Ti の場合，水素化物は $TiH_x(x \leqq 2)$ で，$x=1.8\sim1.9$ のものが多い．その粉末を真空中，$870\sim1070\,\mathrm{K}$ で加熱し，H_2 分圧が 10-110-2 Pa に低下するまで処理を続ける．脱水素した Ti 焼結ケーキは活性であるから，真空中で室温まで冷却し，雰囲気を N_2 に置換した後，大気中に取り出す．ケーキはボールミルで粉砕する．

6.2.5　メカニカルアロイング

混合粉を原料として高エネルギーボールミルによって合金粉を作る方法である．ボールミルのポットに装入した $3\sim10\,\mathrm{mm}\phi$ のボールと混合粉を $150\sim400$ rpm で回転するインペラまたはスクリュウディスクによって強制撹拌し，摩砕，せん断，混練して合金化を図る．合金は多くの場合アモルファスになる．Ti-C のように混練中に発熱反応が生じて化合物が合成される場合もある．もちろん，分散強化合金製造におけるセラミックス超微粒子をマトリックスに均一に分散させる効果も大きい．

演 習 問 題

6.1　粉末の粒度および粒度分布を測定する方法を記しなさい．
6.2　比表面積とは何か．
6.3　金属酸化物の還元法による粉末製造の利点を記しなさい．

参 考 文 献

（1）　化学工学協会編：化学工学便覧，丸善（1978），p. 972.
（2）　久保輝一郎，神保元二，水渡英二，高橋浩，早川完八郎編：改訂2版 粉体―理論と応用―，丸善（1979），p. 455.
（3）　三浦秀士監修，三浦秀士，高木研一共訳：粉末冶金の科学，（Power Metallurgy Science, by R. M. german），内田老鶴圃（1996），p. 101.
（4）　同上，p. 89.

第7章
最近の焼結技術について

　焼結過程において緻密化と結晶成長が起こるがこの過程の進行状況は化学組成，焼結条件，粉体性質によって異なる．粉体の製造条件によって焼結条件が同じでも緻密化と結晶成長の様子が異なる．一般に結晶成長は緻密化がある程度進行してから開始するが緻密化と結晶成長が同時に進行する場合もある．金属粉末，たとえば Mn-Zn フェライトの焼結過程においては緻密化が短時間で進行する場合，それ以後は結晶成長のみが起こる．それは粒界の空隙が粒内へ移動することによって少なくなり，その空隙は結晶粒内に閉じこめられる．いったん空隙が結晶粒内に閉じ込められると，これを外界へ抜けるには体積拡散によらねばならず，非常に長い時間を要する．したがって，緻密な焼結体を得るには結晶粒内に閉じ込められる前に除去することが必要である．それには，結晶成長には体積拡散が，また結晶粒界の空隙の除去による緻密化には表面拡散がそれぞれ寄与するから，表面活性に富んだ粉体を用いることによって体積拡散が活発にならないような低温で行わせることが必要と考えられる．高密度の焼結体を得る他の手段として，加圧下で焼結，焼成温度を下げての緻密化の促進，結晶成長の抑制をする添加物の使用，液相を生じさせて空隙の除去の促進などの方法がある．

　高性能セラミックス材料の製造には，無加圧雰囲気制御焼結においては焼結助剤を添加して，かつ焼結温度は融点の約 90%（$0.9\,T_\mathrm{m}$）という高温焼結が必要である．そのため助剤の選択，粒成長や異常粒成長防止制御などの技術的にもたいへん困難な局面に遭遇している．

　Si_3N_4 や SiC などの非酸化物セラミックスは，加圧焼結法による焼結助剤の少ない，あるいは無添加焼結体の作成に努力がはらわれ，加圧焼結法の中でもとりわけガス圧縮法を利用した焼結技術が近年特に開発されている．

　焼結技術に圧力を利用することは，冷間静水圧加圧法（CIP）に引き継がれた．加圧と加熱と同時に行う技術として加圧焼結法が登場し，20〜50 MPa 程度の圧力を作用させた緻密質焼結体を製造するホットプレス法（HP），さらに100〜200 MPa の圧力で 2000℃ の加熱ができる熱間静水圧加圧法（HIP）が近年注目され，積極的に利用されるようになってきている．その結果，複雑な形状を有し，微細構造が制御され，かつ表面平滑度のよい高密度焼結体が製造されるに至っている．

7.1　焼結接合法

　焼結接合には，二つ以上の成形体からより複雑な一つの形状を焼結することによる形状接合と，素材である多孔質層を補強材として鋼板などに焼結する機能接合がある．これらの焼結接合で複雑な形状をした部品やアセンブリ一体を製造することができる．図 7.1 に示すように冷凍機のロータリ式コンプレッサのロータは，二つの成形体から中空体を形成して軽量にするのに焼結接合を利用している[1]．焼結接合は自動車エンジン部品等の軽量化，油圧機器などの密閉

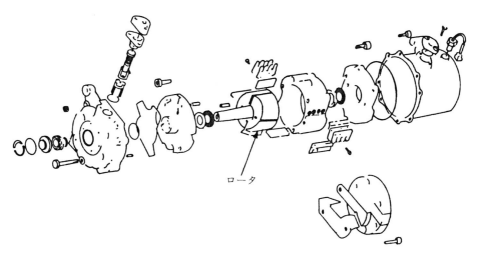

図 7.1　ロータリコンプレッサの部品構成
[出典：征矢達也，ジョイテック，Vol. 6（1990），No. 11]

室の形成，組立の合理化，部品の大型化，3 次元的な複雑な形状を 1 部品として製造，そして積層構造を圧粉成形で焼結・複合化が達成できることである．したがって，焼結接合は産業界での合理化の過程でいろいろな方法を生んできている．それぞれの応用例は合理的な工法であるから生産が続けられていると考えられる．

7.2 粉末（焼結）鍛造法

7.2.1   粉末鍛造の方式と工程

　粉末鍛造はどのように行われるか．図 7.2 に示すように，大別して三通りの方式がある．たとえば，図示のボス付品を作るとする．図（a）の方式では，プリフォームとして加圧軸に垂直な方向の寸法が，ダイおよび下パンチボスの直径にほぼ等しいものを用いる．鍛造によって，プリフォームは加圧方向に縮んで高密度化するが，材料の塑性流動を大きくできない．密度比を 1 まで上げず，数％の気孔を残すのが普通である．この方式をホットコイニング（hot coinning）またはホットリプレッシング（hot repressing）法と呼ぶ．粉末冶金では焼結体を常温でコイニングして密度と硬さを上昇し，機械的性質を向上することがしばしば行われているが，ホットコイニングはこの技術を拡張したもので，諸性質を改善するのに一段と効果がある．図（b）の方式は従来の精密鍛造方式

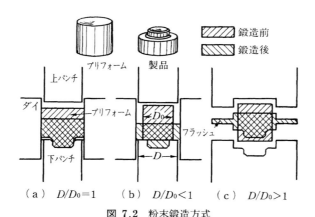

（a） $D/D_0=1$ （b） $D/D_0<1$ （c） $D/D_0>1$

図 7.2 粉末鍛造方式

である．プリフォームはボスのない円柱状で，直径 D_0 をダイ径 D より十分に
小さくとる．鍛造中プリフォームは，加圧方向に縮みながら直径方向に広がり，
ボス部へ押し出される．ボス型を上パンチに設けて上方押出しを行う場合もあ
る．このすえ込みと押出しによって材料は大きく塑性流動し，気孔もせん断応
力を受けて消滅する．図 (c) の場合には，プリフォームは図 (b) と同様なもの
を用いるが，鍛造時に図のようにフラッシュを発生し，材料の塑性流動は図 (b)
よりさらに大きくなり無気孔材が得られる．

　密閉型鍛造である図 (a) や (b) の方式の自動化にあたっては，プリフォー
ムの質量管理が必要である．質量が規定より小さいと製品の寸法あるいは密度
が不足するし，大きすぎると寸法超過やダイへの過荷重，ひいてはダイ破損へ
とつながる．粉末を原料とするプリフォームでは，質量バラツキが比較的小さ
く，通常 $\pm 0.5\%$ には抑えられる．図 (c) の方式ではフラッシュで質量バラツ
キが吸収され，厳密な質量管理の必要こそないが，フラッシュ除去工程が加わ
り，製品寸法精度も前二者に比べて劣るなど粉末を用いる特色が消えてしまう．

　図 7.3 はこの高密度化技術によって製品を作るまでの工程を一括したもので
ある．鉄系部品を製造する場合を例にして説明を加えてみよう．はじめに原料
粉がある．原料粉には鉄粉に数種の合金成分粉を混合したものや合金鋼粉に黒

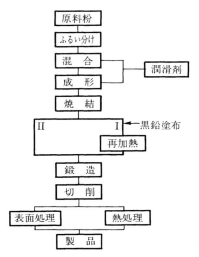

図 7.3　粉末鍛造工程図

鉛粉を混合したものを用いる．それぞれの粉末はふるい分けして粒度分布を固定しておく．主成分の鉄粉や合金鋼粉としては噴霧法によるものが汎用されるが，それらの中には見かけ密度が粒度によって異なるものもあり，粒度分布に応じて見かけ密度が変動する．すなわち，押型に粉末を流し込んで圧縮成形したとき，圧粉体質量が粒度分布変化に連動してしまい，鍛造工程に上記のような問題を持ち込むことになる．

　成形時の潤滑剤には金属ステアリン酸塩類を用いる．これを0.2〜1.0%金属粉に混合して使う場合と有機溶媒に溶かしてダイ壁に塗布する場合とがあるが，工業的には前者が多い．潤滑剤は焼結を阻害する傾向が強いから焼結前に加熱により十分に除去する．プリフォームの成形には一般の金型成形のほかに，常温静水圧圧縮成形も行われる．この場合には潤滑剤を必要としない．

7.2.2　プリフォームの鍛造

　溶製材の鍛造においては体積を一定とみるが，粉末プリフォームは鍛造によって気孔が収縮するため体積変化を伴う．気孔はどのように収縮するだろうか．まず図7.4をみてみよう．図(a)は，同一平面上にある4個の球状粒子によって形成された気孔を表す．粒子には細かい格子を印してある．この粒子を圧縮したとき，圧縮応力が材料の降伏応力を超えると粒子実質部の塑性流動が始まる．その進行に伴って粒子間の接触面積が増して気孔が収縮する．塑性流動の様相は格子のひずみに見られるとおりである（図(b)参照）．

　このような単軸圧縮の場合でも，圧力を高めるにつれて気孔はその形状をほ

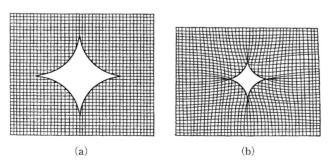

(a)　　　　　　　　　　　　　(b)

図 7.4　圧縮塑性流動による気孔縮小模型図

ぼ保ちながら縮む．このことは応力場が静水圧的性質をもつためとみられる．

　粉末が粗粒と微粒からなる場合にも，粒子相互に作用する接触圧力は等しい．したがって，粗粒は周囲の微粒から静水圧的に圧縮されるので変形荷重が大きくなるが，粗粒間にはさまれた微粒は圧縮やせん断に対して自由に変形し，その変形量は粗粒よりはるかに大きい．

　個々の粒子は圧縮によって上記のようにふるまうが，実際のプリフォームの鍛造では摩擦，温度勾配，き裂発生などを伴って現象が複雑になる．図7.5は，熱間自由すえ込みおよびコイニングを施した炭素鋼プリフォームの密度分布の変化を示す．自由すえ込みの場合，プリフォームの底部および上部がパンチに接して冷却されるが，図では底部に冷却の影響が強く現れ，高密度域が上部にかたよっている．

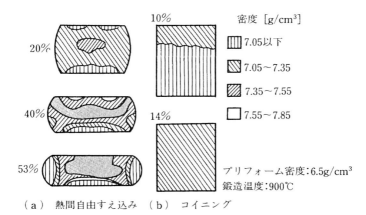

（a）　熱間自由すえ込み　（b）　コイニング

図7.5　熱間すえ込みおよびコイニングによるプリフォーム密度分布の変化

7.3　粉末圧延法（powder rolling）

　粉末圧延法では，数rpmと低速で回転するロール間にホッパーから供給する粉末をかみこませ，ロールの圧縮によってグリーンシートを連続して成形する．通常粉末として金型成形の場合と同様な−100mesh粉を用いるが，最大板厚はロール径依存性が強く，たとえば300mmφ ロールで約0.5mmに過ぎない．グリーンシートの密度はロール間隙を閉じ，さらにロール間の圧縮応力を増大す

るに伴って上昇するが，応力が高過ぎると健全なグリーンシートは得られない．緻密材を得るにはシートの焼結後，冷間圧延または熱間圧延して密度比を100％にする．この緻密化によって板厚はさらに薄くなる．ロール径一定の場合，ロール配置を縦型にしたほうが横型よりグリーンシートの板厚は増す．しかし，縦型では水平方向に出てくるシートの板厚方向に下側で高く，上側で低い密度勾配が生ずる．粉末圧延法はこのように薄板の製造に特色を発揮する．

　　粉末圧延法は金属粉を回転する2本のロール間に挟み込み，薄板状に成形することを特色とする技術である．最初の特許はジーメンス（Siemens）らの Ta ストリップの製造法に関するもので，1902年に登録されている．その後，ナエザー（Naeser）らによる Fe ストリップの製造研究（1950年）をはじめ，多くの研究，開発の実績が積み上げられ，技術の基盤が確立された．この方法による薄板の製造フローチャートを図7.6に示す．

図 7.6　粉末圧延による薄板の製造工程

　　粉末の成形において2本のロールを水平に配置した方式を横形，垂直に配置したものを縦形という（図7.7参照）．ロール径は一定として両者を比較すると，一般に横形方式では得られる板厚が薄く，厚さ方向の密度を一定しやすい．一方縦形方式では板厚は比較的厚くできるが，厚さ方向の密度が下ロール側から上ロール側へ向かって低下する傾向が強い．

　　健全なグリーンストリップ（圧粉薄板）を作るには圧延条件のみでなく，粉末の性質も調整する必要がある．横形方式を例に圧延における粉末の流動と圧

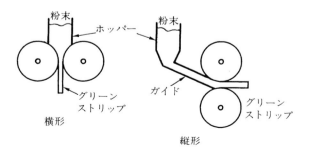

図 7.7　粉末圧延の方式

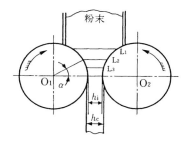

図 7.8　粉末の圧延成形過程

縮成形の状況をモデル化すると，図7.8のようになる．ロールが矢印の向きに回転すると，ホッパーの粉末は下方に移動する．そのとき L_1 ラインから上方にある粉末は，重力が支配的に作用するから自由流動する．ロール面近くの粉末はロール面の仕上げ状態，粉末の粒度や形状などに応じて生じる摩擦力によって下向きの分力を受ける．その影響は L_1 ライン近傍ではまだ小さいが，L_2 ラインに近づくにつれて大きくなり，ロール面を離れた内部の粉末層でも粒子の回転，移動が促されてより緻密な充填状態になる再配列がおこる．L_2 から L_3 ラインに接近するとともに圧縮成形による緻密化が大きく進み，さらに L_3 ラインから下降すると粒子の塑性変形が進んで密度の最大値が生じる．O_1-O_2 ラインから板の送り出しが始まる．このときロールの弾性限内での変形や板のスプリング・バックの影響も加わって，成形板厚は始めに設定したロール間隙 h_i より大きい値 h_c になる．

　粉末層中，圧縮成形および塑性変形の領域は板厚に応じた必要幅に設定する必要がある．その領域の始まる L_2 ラインの位置は，かみこみ角 α でかわる．一般に α はロール径が大きいほど大きく，またロール径一定の場合，ロール速度やロール間隙を大きくすると小さくなる．平均粒子径約 $100\,\mu\mathrm{m}$ の Ti 粉をロール径 $0.3\,\mathrm{m}$，ロール速度 $0.05\,\mathrm{m/s}$，ロール間隙 0（加圧状態）の条件で圧延した場合，得られたグリーン・ストリップは厚さ約 $0.005\,\mathrm{m}$ と薄く，直径約 $1\,\mathrm{m}$ のリールに巻き取れる強さをもつ．

　通常の圧延条件では板の幅方向の両側に縁へ近づくにつれて密度が連続的に低下するような密度不均一域が発生する．適当な圧延条件ではその不均一域は，たとえば $0.08\,\mathrm{m}$ の板幅に対して片側 5% 程度で容易に削除できる．

グリーン・ストリップは多孔質であるから，緻密な材質が必要なときには焼結後，冷間圧延，焼鈍を施す．上記 Ti の場合，厚さを 0.005 m から 0.002 m 程度まで圧下すると，気孔が観察されなくなる．

7.4 テープ・キャスティング法

セラミックスの分野で薄板の製造に実用されている技術である．その方法では，まず所要のセラミック粉にバインダー，可塑剤，解膠剤，溶媒を混合して適当な粘性のスラリーを作る．生産性向上を指向した方式では，それを一方向に移動するキャリア（フィルム）上にブレードで厚さを精度よく調整して流し，乾燥炉に送ってろ過空気流中で溶媒を除去してゴム状の柔軟なシートを作る．それをキャリアごと巻き取って連続化を図っている（図7.9参照）．この他に，スラリーを平滑な面に流し，ブレードを移動して薄いシートに仕上げるドクターブレード法も小規模ながらしばしば利用される．

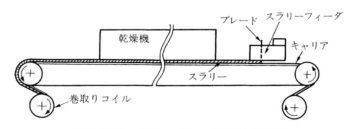

図 7.9 テープキャスティング装置の概念図

シートは電子部材など高度の表面平滑さを要求される用途が多く，原料のセラミック粉は最大粒子径を数 μm に抑えて焼結による表面平滑化を図る．スリップを調製する場合，溶媒として有機溶液または水溶液が用いられる．有機溶媒は作業環境上問題はあるが，低粘性で沸点が低くて蒸気圧が高いから，シートを低い温度で短時間に乾燥できる利点がある．有機溶媒に配合するバインダーはポリビニールアルコール，ポリビニールブチラール，ポリエチレンなどで，それらに可塑剤としてポリエチレングリコール，ジオクチル（ジブチル）フタレイトなどを加える．水溶液系のバインダーとしてはポリビニールアルコール，メチルセルロースなどがあり，可塑剤のグリセリンやポリエチレングリコール

表 7.1　テープ・キャスティング用スラリーの組成

	粉末	溶　媒	解膠剤	バインダー	可　塑　剤
成分 vol %	アルミナ 27	トリクロロ エチレン 42 エタノール 16	魚油 1.8	ポリビニル ブチラール 4.4	ポリエチレン グリコール 4.8 オクチルフタレイト 4.0

などと組み合わせて用いる．表 7.1 は Al_2O_3 粉からシートを作る場合に有機溶媒を用いたスリップの組成の一例である．スリップ・キャスティングや押出成形の場合に比較してバインダーと可塑剤の分率がかなり高い．

　セラミック粉と溶媒など配合成分との混合は普通，ボールミルなどで二段階に分けて行われる．第一段階のミリングではセラミック粉と溶媒，低分子量の成分との組合せで十分に粉末の凝集を解き，次にバインダーと可塑剤とを加えてバインダーを高分子量のままに保持できる条件で第二段階のミリングを行う．

　ミリングしたスリップをマイクロふるいに通した後，減圧下で脱気処理する．そのスリップをゲイトからテフロンやセルロースアセテート製の平板やキャリア上に流下させ，ブレードのキャリア面までの高さやキャリアの移動速度などを変えてテープの厚さを調整する．厚さは数 $10 \mu m$ から $1000 \mu m$ レベルまで変えることができる．

　テープの乾燥は溶媒の沸点以下で行う．乾燥時，スリップ中の液相は表面に移動して気化，消失するから，それに伴ってセラミック粒子間の平均自由行路が短縮してテープの厚さが収縮する．乾燥したテープは有機物を 35 体積 % 程度含む気孔率約 15% の多孔質体である．気孔のほとんどは，溶媒が蒸発するときの通路として形成された開放気孔になっている．

　テープを製品形状に切断，加工後，射出成形体と同様に脱脂処理する．そのとき開放気孔が有効にふるまう．テープ中のバインダーや可塑剤などの有機物は処理温度で溶融し，狭い気孔中を毛管力の作用で比較的速やかに移動できる．したがって，液体有機物はテープ表面で熱解離して雰囲気中へ散逸すると，それを補うように内部から気孔を通じて供給される．脱脂の初期段階における熱解離が速いのはこのためとみられる．

7.5　スリップ・キャスティング法

　セラミックス分野では，微細な粘土の懸濁水溶液をとくにスリップと呼ぶように，容器など生活用具の作製に古くから親しまれてきた技術である．粉末冶金分野でもその技術が導入されてすでに長い．最初の特許はリッチマン（Reichman）のW，Ta，Crなどの成形法に関するもので1933年に登録されている．

　その方法は微細なセラミック粉や金属粉を分散剤を含む水溶液中に懸濁させて比較的粘性を低く調整したスリップを多孔質モールドに鋳込み，モールドに吸水，乾燥させて粉末成形体を得るものである．分散剤はバインダーとして粉末粒子間に残り，乾燥後は焼結前の種々なハンドリングに耐える強さを成形体に与える．たとえば，器状をした成形体は図7.10のような工程で作る．まずスリップをふるいに通して凝集粒子や不溶解分散剤などを除去し，さらに減圧下で脱気した後，モールドに鋳込む．モールドには適当な離形剤を塗布することもある．鋳込み後の経過時間によって器の厚さが決まるから所要の時間後，余剰のスリップを排除し，モールドごと乾燥させる．適当な乾燥状態に達したとき，成形体を取り出す．普通，取り出しが容易なように割型を用いる．粒子の充塡を密にし，寸法精度を高くするために鋳込んだスリップを加圧する方式もある．

   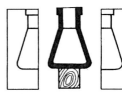

（a）せっこうモー　　（b）スリップ　　（c）スリップ排除　　（d）モールド内乾燥後, 型出し
　　　ルド（割型）　　　　鋳込み

図7.10　スリップ・キャスティングの工法

　スリップ・キャスティング用のモールドには古くからせっこう（$CaSO_4 \cdot 2H_2O$）を使ってきた．通常，モールドを作る場合は，焼せっこう（$CaSO_4 \cdot 1/2H_2O$）/水の質量比は$100/(80 \sim 60)$の範囲をとり，水は加熱する．混練して所要の木型に注ぎ，静置すると次の反応により二水せっこうが生成する．すなわ

ち

$$CaSO_4 \cdot 1/2\,H_2O + 3/2\,H_2O \longrightarrow CaSO_4\,2\,H_2O$$

この二水せっこうは，針状や板状の単結晶がネットワークを形成して気孔率は40〜50%，最大気孔径 5 μm 程度の多孔質体である．この気孔がスリップの水を吸引する．混練水の分率が増すと気孔率が上昇して吸水率が増すが，モールドの強さは低下する．

よく乾燥したモールドは，スリップを鋳込んだとき吸水速度が速すぎるから前もって含水率 <15% に湿らせておく．鋳込みの回数を重ねるにつれて，モールドは含水率が増して吸水速度が著しく低下することになるから，適当な鋳込み回数で部分的に乾燥する必要がある．乾燥は 313 K 以下で行う．

多くの酸化物は表面に多数のイオン化サイトがあり，水溶液中で酸性解離すると H^+ を，アルカリ性解離すると OH^- を放出し，表面に電荷を帯びる性質を示す．表面のイオン化状態は酸化物の性質やそれと平衡状態にある水溶液のpH によってかわり，粒子を包む電気二重層の外側の電位を示すゼータ（ζ）電位の測定によって推察できる．粒子表面の電荷が 0 のときには粒子間に反発力が作用しないため，粒子が凝集してスリップの粘性が上昇する．スリップに酸またはアルカリを加えて pH をかえるとゼータ電位が高くなり，粒子は電荷を帯びて相互に離れるためスリップの粘性が低下する．電位決定イオンの粒子表面への吸着量には最大値があり，それ以上にそのイオンを加えても溶液の電荷

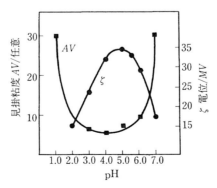

図 7.11 ThO₂ 粉スリップの見かけ粘度と
ζ 電位との関係

を増すのみで，粒子表面と溶液との電位差が小さくなってゼータ電位は低くなる．図 7.11 には，この関係を ThO₂ スリップの見かけ粘度およびゼータ電位について示した．

　金属粉の多くは粒子表面に酸化物が存在し，そのスリップは酸化物と類似の性質を表す．しかし粒子表面の酸化物の状態は粒子の生成条件によってかわり，一定しない．そのような酸化物を介して水溶液中のイオンを吸着するから，粉末の酸素量がかわると見かけ粘度も大きくかわる．その一例として，図 7.12 は平均粒子径約 6 μm の $\gamma + \zeta$ 2 相組織ステンレス鋼粉に水 16 mass%，アルギン酸アンモニウム 0.3 mass% のスリップの見かけ粘度と pH との関係を粉末酸素量の関数として表したものである．スリップの含水率を増せば，もちろん見かけ粘度は低くなるが，同時に成形体の密度も低下してしまう．

　スリップは水溶液の他，アルコールを使う場合もある．バインダーとしてカルボキシメチルセルロースソーダやアルギン酸ソーダまたはアルギン酸アンモニウムなどが用いられる．それらは少量の添加で粉末粒子の表面にイオンとして吸着し，被覆層を形成して水分子を吸引するから解膠剤の役割も果たす．

　pH を調整して見かけ粘度が最小の条件で，スリップをモールドに鋳込むと，時間 (t) 経過とともにモールドが水を吸引し，次式にしたがって成形体の厚さ (w) が増す．すなわち

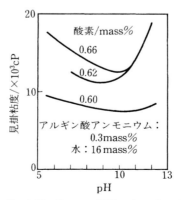

図 7.12　2 相ステンレス鋼粉スリップの pH と
見かけ粘度との関係

$$w = Kt^{1/2} \qquad\qquad (7 \cdot 1)$$

ここに, K は定数である.

　モールドによる吸水が進むにつれて, バインダーは液相として粒子表面, とくに粒子間のネックに集まり, 続く乾燥処理によって固相として結合の役割を果たすから, モールドから取り出し, 十分に乾燥した成形体は焼結前の普通のハンドリングには十分に耐える強度をもっている. たとえば前記ステンレス鋼粉の場合, 乾燥した成形体は気孔率49%で抗折力は約4MPaに達する.

　スリップ・キャスティングに必要なバインダーや解膠剤の分率は非常に小さいから, 射出成形品のような複雑な脱脂処理を必要としない. しかしたとえば, アルギン酸アンモニウムは真空中で約820Kで分解し, 昇温速度が速すぎると成形体にクラックが発生することがある. 成形体の気孔率は50%と高いが, 焼結による緻密化は微粉を用いるため大きく, 普通, 焼結体の密度化は95%以上に達する.

　この成形技術の特徴は高密度で, 薄肉, 複雑形状, しかもある程度大型の製品が得られることであるが, 製品の寸法精度が比較的低く, 生産性に劣るなど問題点も多い.

7.6　CIP法, HIP法

7.6.1　CIP（冷間等方圧縮）

CIP（cold isostatic pressing）は水の等方圧を利用して室温で粉末の成形などを行う最新の工業技術である.

　CIPでは, 圧力上昇の速度にもよるがどんな場合でも粉体中にある程度の熱が発生する. このことは, 低融点の粉末材料に非常に速い速度で圧縮した場合には, 特に重要である. このような場合には非常に高密度な焼結体が得られることになる. CIPでは, 圧縮された粉末は高温で焼結されるが, さらに鍛造や押出しや圧延を行うこともある.

　CIPに最もよく用いられる圧力媒体は液体である. 図7.13にCIP法の装置を示し, 湿式法（wet bag type）と乾式法（dry bag type）がある[2]. 図7.13(a)は湿式法で粉体をゴム袋に封入して圧力容器内の液中に浸漬して加圧成形

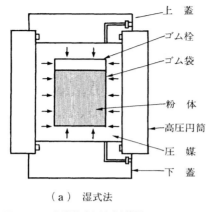
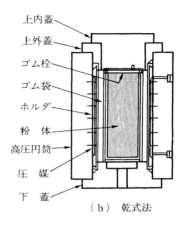

（a）　湿式法　　　　　　　　　　　　（b）　乾式法

図 7.13　冷間静水圧加圧装置
　　　　　　［出典：島田昌彦，佐藤次雄，日本金属学会誌，第24巻，第2号（1985）］

する方法で，等方加圧成形としては理想的な方法であり，少量多品種の生産や
大型製品の成形法として利用されている．用途として，合成樹脂のキュアリン
グや熱硬化性剤の加圧接合，化学分野では温間超高圧状態での物性や化学合成
の研究，バイオ関連の研究用などがある．

　他方図 7.13 (b)は乾式法と呼ばれ，圧力容器内にセットされたゴム型に粉体
を充塡して加圧成形する方法である．この方法の特徴は，加圧や成形品取り出
しの際に圧力媒体である液体にふれることなく操作が行える点で，自動化が容
易で同一製品の多量生産に適している．

　金属粉末に工業的に CIP 成形している例はわずかである．それは，金型によ
る粉末成形と比較すると CIP 成形では寸法精度や生産性において技術が十分
成熟していないためである．また，金属粉末の場合，CIP 処理は，600〜700 MPa
程度のきわめて高い圧力を必要としている．一方セラミックスの場合は，
200〜300 MPa の中程度の圧力が使われており，その活動はたとえば，ランプ工
業に使用されている α-アルミナと電池工業に使われる β-アルミナなどの酸化
物が中心である．窒化ケイ素，炭化ケイ素などの非酸化物のセラミックスの開
発は最近行われてきている．セラミック材料の場合，体積は約半分になるほど
大きな体積収縮が起こり，このため焼結体は変形したり，ときにはひび割れを
起こすこともある．そのために成形品のカサ密度をできるだけ高くする必要が

ある．この点 CIP 成形技術は製品に近い形状を付与でき，かつできるだけ高い密度をもつ成形品を作製することができる．

7.6.2　HIP（熱間等方圧縮）

CIP の圧力媒体は液体で，型はゴムやプラスチックであるので高温では使えない．そこで HIP (hot isostatic pressing) は，図 7.14 に示すように粉末を脱ガス処理して真空缶詰にし，圧力容器の中でアルゴンや窒素ガスを圧力媒体として，高温高圧で成形と焼結を同時に行い緻密な焼結体を得る方法である．

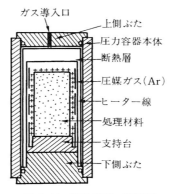

図 7.14　HIP 装置の概略図

HIP 法では高温では粉末の塑性が増加し，せん断が起こり，粉末の表面層を機械的に破壊して新しい清浄な表面を露出する．この表面が，等方圧と高温拡散によって，お互いに効果的に接触して，粉体の密度を上げ真の理論密度にまで至らしめる．HIP 処理で用いられる典型的な温度と圧力の条件を表 7.2 に示す．HIP では圧力媒体として通常アルゴンガス，かわる媒体としてヘリウムと窒素が使用される．現在の問題点は圧力媒体が成形体の内部に入らないように成形体の表面を金属・ガラスなどで被覆する技術がある．この技術が生産面で解決されれば，本質的な焼結助剤を少なくすることができる．高温の HIP 装置ではセラミックスの高温焼結が可能で，たとえば Si_3N_4 セラミックスの焼結に用いる場合，2000 気圧，1900〜2100℃ が一般的である．

粉末を薄い金属またはセラミック製の容器に充填し，加熱脱気，封入（キャ

表 7.2　種々の材料の HIP 条件

材　料	温度[℃]	圧力[MPa]	相対密度[%]
鉄	1000	98	100
ニオブ	1260	70	99
モリブデン	1350	98	100
超硬合金(WC)	1600	70	100
WC-6% Co	1400	100	99
Al_2O_3	1350	145	100
VO_2	1150	70	99
Si_3N_4	1700	100	100
PZT（$PbZrO_3$-$PbTiO_3$）	1200	90	100
PLZT（La 固溶した PZT）	1200	90	100
SiC	1500	300	95

ンニング）後，高圧容器中で加熱しながら気体によって圧縮し，固化する方法と，焼結によって密度比を 95％ 程度まで上昇し，開放気孔の消滅した金型成形品や CIP 成形品をそのまま加圧，固化する方法とがある．前者の場合，原料としてガスアトマイズや遠心アトマイズによる平均粒子径 50〜100 μm 程度のクリーンな球状粉を用い，ニヤネットシェイプの容器に密度比 70％ 程度に充填し，570〜770 K で粒子表面の吸着ガスを除去して封入する．加圧媒体には普通アルゴンを用いる．このガスの密度は，たとえば 1270 K，100 MPa で大気圧におけるより二桁高い．HIP 処理における緻密化はもちろん温度と圧力と時間の関数として与えられ，その後期には拡散クリープ機構の寄与が大きいといわれる．粒子は急冷によって微細な組織を呈するから，高速度鋼のように偏析が大きく溶製法では製造がむずかしい数トンに及ぶ大型インゴットも製造できる．この他 HIP は超硬合金など焼結品の緻密化はいうまでもなく，超合金やチタン合金など鋳造品の気孔除去，拡散接合にも活用されている．

　さらに，HIP 処理で圧力，温度以外に雰囲気成分というパラメータを利用して加熱装置などからの汚染を嫌う超高純度の HIP 処理できる方法がある．図 7.15 に示すように，処理体を加熱装置から隔離するための隔壁を設置し，隔壁内と外で，それぞれ別個の圧力コントロール機構をもち，内外の圧力バランスを得る[3]．この場合，隔壁の内外に別の種類のガスを使用している．このため，単に加圧するための媒体として用いられてきたガスを反応合成といった新たな

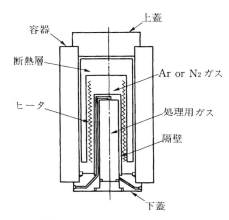

図 7.15 雰囲気制御 HIP 概略図
[出典：滝川博，ジョイテック，Vol. 6（1990），No. 11]

用途に利用できる，従来とは異なる HIP 処理が開けるものと期待される．

7.7 金属粉末射出成形（MIM）法

　射出成形は，もともとプラスチックの成形方法として開発されたものである．プラスチックの射出成形は，金型中に流動状態のプラスチックを圧入し，冷却（加熱）固化（硬化）した後，取り出すプロセスである．プラスチックの場合温度による物性値の変化が著しく生じやすく，またその温度が低い領域にわたっている．一般にプラスチックの溶融成形温度領域は融点 T_m またはガラス転移点 T_g 以上 20〜100℃ の温度が採用されている．

　金属粉末射出成形（metal injection molding, MIM）の場合は，金属またはセラミック粉末にワックスや熱可塑性樹脂などのバインダー材料を混合して流動性を付与した原料（ペレット）を用いて射出成形し，その後，脱バインダーおよび焼結の工程を経て，3 次元的な複雑な形状の小型部品を量産している．プラスチック成形と異なる点は，成形後流動性物質を除去し，焼結することによって，はじめて，高精度複雑形状の 3 次元製品を製造できることである．図 7.16に MIM 成形プロセスの基本フローを示す．

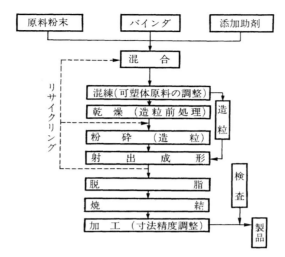

図 7.16　金属粉末射出成形・焼結プロセス

7.7.1　原料調整と混合・混錬

　MIM が対象とする原料には鉄およびニッケルもしくはその混合系，炭素鋼，高速度鋼，析出硬化鋼などの合金鋼，304，316 系などのステンレス鋼，アルミニウム，銅，チタンなどの非鉄合金がある．粉末の形態，さらにカップリング剤などによるバインダーの粉末表面の濡れ性を改善するための表面処理の有無とその程度は，バインダーの添加量，射出成形性，脱バインダーの難易を決める重要な因子である．原料粉末の平均粒径は，0.1 μm から 100 μm まで，形状は球形から不規則形状もしくはその混合，カップリング剤としてはシラン系，チタネート系などの0~1.0mass% までのいろいろな組合せが考えられる．粉末同士の混合には乾式混合機やボールミルなどの湿式混合機を用い対流，拡散，せん断などの作用により，よく相互分散させることである．そして原料粉にバインダーを混ぜて，分散促進と射出成形に適する流動性を賦与する．バインダーの種類や量については特許やノウハウが多い．

7.7.2　射出成形と焼結

　射出成形にはスクリュータイプの射出成形機が一般に用いられる．原料ペレ

ットを加熱して流動しやすくした後，冷却された金型のキャビティに射出成形される．射出成形時に生じる欠陥としてはクラック，ウェルドライン，充填不足，フローマーク，内部欠陥などが発生するが，その対策はプラスチック成形の体験から決められている．焼結工程で粉末が結合して強さを出すと共に，空隙が減少して緻密化する．金属では酸化するので還元雰囲気中で，酸化物セラミックスでは大気中で，非酸化物セラミックスでは真空中や窒素ガス中で焼結が行われる．ステンレス鋼，超硬合金，サーメットなどでは真空焼結が用いられる．MIM では微粉を用いて高温焼結するので空隙の孤立化を生じ，理論密度の98% が限度で完全な緻密化にはならないという問題もある．これに対応して粗い金属粉を用いた場合，粉末中に液相を出させて焼結を促進する方法が有望とされている．

7.7.3 脱バインダー

一般に加熱による脱バインダーが行われている．脱バインダーとは有機物をいろいろな手段で成形体から除去する工程である．どの程度除去するかは次の焼結ともかかわるが，有機物のおおよそ85% を取り除く．その脱脂工程は400〜600℃ の温度まで慎重に加熱してバインダーが除去される．粉末原料の酸化を防ぐため，この間は真空中もしくは不活性ガス中で処理される．脱脂の所要時間は50 時間程度であるが，抽出脱脂などで脱バインダー時間を短縮する努力がされている．脱脂時に発生する欠陥はふくれ，亀裂，ボイド，変形などがあり，ガスや液状の物質の移動が発生原因である．このような変形，欠陥を防止すると共に，工程の時間短縮をはかるため分解ガス圧力の制御，表層の液化ガスのすみやかな処理，高価な不活性ガスの使用量低減などの脱バインダー技術の開発の研究が行われている．

7.7.4 MIM 製品と製品精度[4]

MIM の用途はとくに限定されたものではなく，粉末価格の制約，脱バインダー条件を満足するものから逐次製品化が行われている．一般機械，電磁気，輸送，OA 関連，生体医療機器分野等広範囲な用途開発が行われている．寸法精度は焼結収縮率が通常15〜20% と大きいにもかかわらず，±0.3〜±0.1% の精

度といわれている．この精度レベルになると機械加工と対抗し，MIM 製品は飛躍的に伸展する．焼結工学においては高い Near Net Shape（ほぼ最終形状）と高密度化を両立させるような成形技術が望まれてきたわけであるが，これらを一気に解決できる方法が MIM であり，注目すべき技術の一つである．

7.8　MA　法

MA 技術は気体や液体にしても混じらない金属，セラミックス，ポリマーを機械的に粉砕，混錬して微細・分散・混合化しようというもので，従来の熱エネルギーを利用する方法とは全く異なり，反応温度を自由に選択できるほか，融点，沸点，比重などの大きく異なる材料でも超微細混合化ができ，合金化およびアモルファス化を達成した新材料の合成が可能である．

7.8.1　進展するメカニカルアロイング[5],[6]

表7.3 に MA 法による MA 複合粉末の合成と，その焼結および得られる主

表 7.3　MA 複合粉末のキャラクタリゼーションと成形技術および期待分野

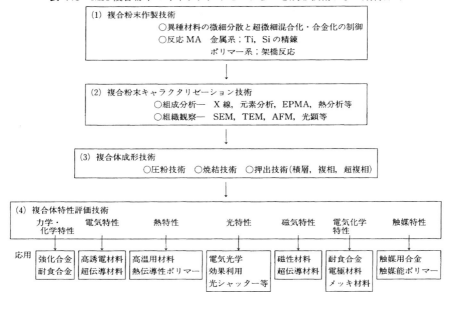

なハイブリット材料を示す．MA 法による具体的に期待される分散化の程度，新物質の生成，新機能の発現は次のようである．

（1）　電極材料および複合メッキ材料

（a）　ニッケル-水素電池用水素吸蔵合金

MmNiMnAlCo の水素吸蔵合金を使用し，この合金粉末と種々の金属酸化物（RuO_2，Co_3O，La_2O_3，$\beta\text{-}MnO_2$）や金属（Cu，Ni）を混合し MA 処理を行う．得られる粉末を加圧成型し，充放電特性の評価を行う．合金の均一化により偏析が抑制され，水素吸蔵料が増加することにより，容量の増大が期待できる．

（b）　導電性バインダー

1 次および 2 次電池の電極には，導電性付与のためカーボンブラック，そして成形時にはテフロンなどがバインダーとして用いられている．

カーボンブラックとテフロンを MA 処理により複合することにより，導電性とバインダー機能を有する導電性バインダーを作製する．活物質利用率の向上や内部抵抗の低減により，充放電特性の向上が期待できる．

（c）　Li 2 次電池用カーボン電極

デンドライトの生成の抑制のため，負極材料にリチウムのインターカレーション反応を利用するカーボン材料が研究されている．黒鉛化度の異なるカーボン材料とバインダーポリマーを MA 処理し，複合化を行う．

黒鉛構造を保持した状態で均一分散が達成できれば，優れた充放電特性が期待できる．

（d）　複合メッキ用材料

複合メッキのメカニズムは，界面活性剤などの吸着により正に帯電したテフロン微粒子がクーロン力により陰極面上に吸着し，周囲に析出する金属で包含され共析するためといわれている．Cu や Ni とテフロンとを MA 処理し，酸性浴中で電解すれば，一部はイオン化し金属として析出するが，イオン化しないものも共析すると考えられ，金属とテフロンの均一な複合体からなる被膜が作製でき，さらにはテフロン量を増やすことも可能であり，自己潤滑性や非粘着性に優れた表面処理膜を作成できる．

（2）　強化プラスチック材料および含カーボン/ポリマー複合材料

①　ポリエチレン，ポリイミドにシリカ粒子を充填して，MA 処理し，力学特性および耐熱性の向上を図る．

②　ポリエチレンにマグネシア充填し，MA 処理し，熱伝導性の向上を図る．

③　ポリエチレン，テフロン等の結晶性ポリマー粉末にカーボンを混入して C が偏在しない均一微細分散化したカーボン/高分子複合粉末が得られ，電気帯電性の向上が期待できる．

（3）　誘電材料

（a）　高誘電率複合材料

チタン酸バリウムなどの強誘電体のマトリックス中に，導電性粒子を分散させた場合，その複合体の誘電率 ε_γ は，次式で与えられる．

$$\varepsilon_\gamma = \varepsilon_{\gamma 0}/(1-V)^3$$

$\varepsilon_{\gamma 0}$：マトリックスの誘電率

V：導電性粒子の体積分率

金属や導電性ポリマーなどの導電性粒子を無機の強誘電体と MA 処理し均一分散させれば，誘電率の大きな増加が期待でき，BL タイプのコンデンサや分散型 EL の絶縁層や発光層への応用が可能と考えられる．

7.8.2　MA 合金と HIP プロセス

Ni 粒子と Cu 粒子の MA 過程は偏平化しながら折り畳まれ，層状組織を形成し，その間隔は MA 時間と共に狭くなる．MA 100 時間で光学顕微鏡，SEM 観察ではもはや判断できないほど均一化（0.5 μm 以下）されアモルファス化する．その均一化，合金化の様子を図 7.17 に示す．

この合金化反応の生じ始める層間隔が，Ni と Cu の相互拡散距離にほぼ一致することから，MA による合金化メカニズムは常温近傍での近接する金属元素の極短距離の固相拡散によるものと推定される[7]．

Ti-45 at％ Al 組成の混合粉末を MA 処理して得た粉末は X 線回折結果ではアモルファスに近いと考えられるが，この粉末を 1000℃，200 MPa で 5 時間 HIP 処理すると超微細等軸結晶粒組織（TiAl＋Ti₃Al 微細 2 相混合組織）にな

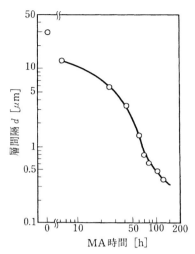

図 7.17　Ni-Cu MA 複合粉末の層状組織間隔の経時変化
　　　　［出典：西口勝他，住友金属技術資料，Vol. 42-4（1990）］

る[8]．この微細 2 相混合組織は典型的な微細結晶粒超塑性材である．すなわち，超塑性加工成形により容易に複雑形状の部品にネット・シェープ加工成形が可能である．

演 習 問 題

7.1　粉末鍛造法について述べなさい．

7.2　CIP，HP，HIP について各特徴を述べなさい．

7.3　射出成形法を簡潔に記し，未解決の課題について述べなさい．

7.4　MIM における脱バインダー工程の改良について記しなさい．

7.5　MA 法の特徴を述べなさい．

参 考 文 献

（1）　征矢達也：ジョイテック，Vol. 6（1990），No. 11，p. 30.

（2）　島田昌彦，佐藤次雄：日本金属学会誌第 24 巻，第 2 号（1985）p. 95.

（3）　滝田博：ジョイテック，Vol. 6（1990），No. 11，p. 44.

（4）　中村秀樹：鉄と鋼，第 76 巻（1990）No. 5，p. 660.

（5）　T. Ishida and S. Tamaru：J. Mat. Sci. Ls, Vol. 12（1993），1851-53.

（6）　石田恒雄，平井康雅：M　&　E，工業調査会，Vol. 20（1993）No. 5，p. 132～139.

（7）　西口勝，久保敏彦，福田匡，大橋善久，阿佐部和孝：住友金属技術資料 Vol. 42-4（1990），p. 353～368.

（8）　時実正治：金属，第62巻（1992）10月号，p. 70～.

演習問題略解例

第2章

2.1 $2d \sin\theta = n\lambda$, 式 (2・3) より, $n=1$, $\sin\theta = \sin 7.85°$

$$\therefore \quad d = \frac{1.541 \text{ Å}}{2 \times 0.1366} = 5.64 \text{ Å}$$

2.2 解図 2.1 参照.

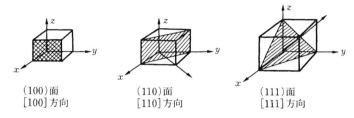

(100)面	(110)面	(111)面
[100]方向	[110]方向	[111]方向

解図 2.1

2.3 図 2.14 および図 2.17 参照.

2.4 配位数 6 を与える大きさの比の最小は, 解図 2.2 に示すように八面体の中心に小さい原子がある場合である.

この関係では

$$(R + 2r + R)^2 = (2R)^2 + (2R)^2$$

すなわち,

$$2r + 2R = \sqrt{2}\,(2R)$$

$$r = \sqrt{2}\,R - R$$

よって,

$$\frac{r}{R} = 1.414 - 1 = 0.414$$

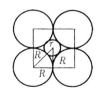

解図 2.2 6 配位の計算

2.5 2.2.3 項参照.

2.6 一般に液体を冷却すると融点で結晶化するが, そこで結晶化を抑えると準安定状態の過冷却液体が得られる. さらにその温度を下げると結晶化せず, 粘性の増加した固体となる. このように非晶質で固化した温度をガラス転移点という.

第3章

3.1 3.1.2 項参照.

3.2 キルド鋼はフェロマンガン, フェロシリコン, アルミニウムなどで十分脱酸し,

凝固中の酸素を酸化物として浮上させて静かに行われ，不純物の少ない鋼をいう.

　　リムド鋼はフェロマンガン，あるいは少量のフェロシリコンで軽く脱酸した鋼塊をいう.　リムド鋼塊は凝固のさいに激しい沸とうを起こすリミングアクションがある.

　　セミキルド鋼は，脱酸の程度を適当にしてキルド鋼よりも収縮管を短くし，切り捨て部を少なくしたキルド鋼とリムド鋼の性質の中間の性質をもつ.

3.3　3.2 節参照.

3.4　3.4.3 項参照.

第 4 章

4.1　4.1.2 項参照.

4.2　4.1.4 項参照.

4.3　溶融金属中での溶質原子の移動が拡散のみによる場合には，融液中の温度勾配が正の場合であっても，成分差による液相線の変化によって過冷現象が起こる. この現象を組成的過冷却といい，合金の場合には熱的過冷却のほかに，組成的過冷却がその凝固の仕方に重要な役割をもつ.

4.4　4.3.2 項参照.

4.5　4.3.3 項参照.

4.6　4.3.4 項参照.

4.7　4.3.1 項参照.

4.8　純チタンでは $\alpha \rightleftarrows \beta$ 変態があるが，チタンに β 安定元素が添加されると $\alpha+\beta$ 2 相 $\rightleftarrows \beta$ 変態がおこる. その変態温度を β-トランザス (transus) という. 工業用チタン合金は β トランザスの少し上の β 域で鍛造し，そのあと $\alpha+\beta$ 域で熱間加工し，さらに β トランザス以下の温度で，$\alpha+\beta$ 溶体化処理を行って組織を一定の状態にして β 相から α 相を析出させている.

第 5 章

5.1　5.3.2 項参照.

5.2　5.3.3 項参照.

5.3　5.4.2 項参照.

5.4　5.4.2 項参照.

5.5　5.4.3 の (2) の項参照.

5.6　外力に比例する変形流動を粘性流動といい，流動を始めるのにある一定の降伏値を有する場合を塑性流動という. 粘性流動による焼結はガラス，塑性流動による焼結は銀.

5.7　5.4.5 項参照.

5.8　粒界の性質 (解図 5.1)

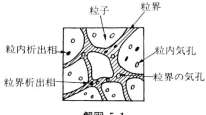

粒子　　粒界

粒内析出相　　　　粒内気孔

粒界析出相　　　　粒界の気孔

解図 5.1

① 不純物が偏析しやすい.

② 機械的, 電磁気的, 光学的性質を変える.

③ 原子, イオンの粒界拡散は粒内拡散より速い.

④ 粒界はエネルギーが高いので不純物が集まり, その不純物が化合物を作り, 層状析出物など生成する.

5.9 ① 焼結初期に粒子の接触点に物質が移動し, 接触点から接触面になり, 粒子が物質によってつながった部分をいう.

② 外部につながっている気孔.

③ 内部に閉じ込められた気孔.

④ 空孔の発生する場所としては凹部と粒内の転位がある. これを空孔の湧出し口 (source) と呼ぶ.

⑤ 空孔が消滅するのは凸部, 粒界, 転位である. これを空孔の吸込み口 (sink) と呼ぶ.

⑥ 焼結時の粒子間の接近によって収縮が起こる割合で, 二つの球の中心間距離 l_0 とその収縮 Δl の比 $\Delta l / l_0$.

5.10 ① 蒸気圧の差, ② 応力の勾配, ③ 空孔濃度の差, ④ 溶解度の差

5.11 緻密化の促進には, 高温度, 高圧力, 緻密化助剤, 液相焼結の利用が有効である. そのうち緻密化法に高温・高圧下で焼結するのが最も効果がある. 加圧焼結前の処理として CIP を施して, その後加圧焼結 HIP (圧力 200〜300 MPa, 温度 2570 K) を行ういわゆる CHIP 法などがあるが, いまだ検討段階にある.

5.12 5.4.9 項参照.

5.13 5.5.3 項参照.

第 6 章

6.1 6.1.1 および 6.1.3 項参照.

粗粉については, JIS の標準ふるいを用いてふるい分けられ粒度および粒度分布が決められる. 37 μm 以下の微粉は沈降法による自動粒度測定機で測定される. 実用的には空気透過法による平均粒度で表されている. 顕微鏡による測定は微粉末を対象に利用されている. 普通 1〜20 μm 程度のものに適しているが, 0.3 μm 以下

の場合では紫外線顕微鏡あるいは電子顕微鏡を用いる.

6.2 6.1.2 項参照.

6.3 還元法による粉末製造の主な利点は,還元粉の粒度は酸化物の粒子の大きさ,形状,還元剤,反応温度,ガス圧,流速によって支配されるので,これらの条件を適性に選ぶことにより,任意の大きさ,形状ならびに見かけ比重のものが得られることである.還元温度が低いと微粉となり比表面積が大きくなるために,活性化され発火しやすくなるので取扱いに注意を要する.

第 7 章

7.1 粉末鍛造は粉末加工と塑性加工を組み合わせた技術である.従来の粉末加工を用いてプリフォーム成形した後,加熱して熱間鍛造によりプリフォームの空隙をつぶして,溶製材並の特性をもつ製品を作る方法である.この方法は材料歩留りがよく,鍛造は 1 回ですみ,切削も少なく,生産の総エネルギーを減少できる利点がある.

7.2 CIP は通常冷間で使われるが,100~300℃ 程度の温間領域で超高圧状態が得られる WIP がある.CIP 法の特徴として

① 高い成形体密度が得られる.

② 等方加圧なので残留応力の少ない均一な密度の成形体が得られ,後工程での反りや変形が少ない.

③ 粉体の流動性あるいは充塡の均一性のため数% の成形助剤の添加で少なくてすむ.

④ 成形体の大きさ,寸法比に制約がない.また型費用が安い.

⑤ 複合製品の成形が可能となる.

　　HP は成形と焼結の工程を同時に行って,空隙をつぶし高密度の焼結製品を作ることができる.黒鉛の高温強度はあまり大きくないので加圧力は上げられない.液相焼結の材料は液相を利用するので特に効果的である.加熱に時間がかかり,生産性はあまりよくない.

　　HIP は圧力容器中でアルゴンや窒素ガスを圧力媒体として,高温高圧で成形と焼結を同時に行い,真密度の焼結体を得る方法である.HIP 法は高能率化(予備焼結後 HIP が可能),超高温高圧化(200 MPa の圧力,2100℃ の温度),雰囲気制御(金属カプセル使用)で高密度焼結体(ニアネットシェイプ,NNS 製造,密度比 95% 以上)が得られる特徴をもつ.

7.3 粉末の射出成形はプラスチックで普及している射出成形と粉末成形を複合させた技術である.金属あるいはセラミックス粉末に多量の有機化合物バインダーを加えて,加熱して混練した後,冷却して,原料ペレットを作る.ペレットを加熱して,プラスチックと同様に,射出成形機でダイキャビティに充塡成形する.冷却後型から取り出した成形体から,バインダーだけ溶剤あるいは加熱によって除去した後,高温で製品とする方法である.未解決の問題として使用する原料粉が高価で

あり，脱バインダーに時間がかかりすぎる，カップリング剤などの配合物の影響（流動性・脱脂性など）などがある．

7.4 脱バインダーでは有機物をいろいろな手段で成形体から除去する工程である．どの程度除去するかが問題であるが，有機物のおおよそ 85% を取り除く．低分子化合物では溶融・蒸発，高分子化合物では熱分解・酸化等が主反応である．また，成形体の大きさ（厚さの変化など）によっても脱脂率が変化するので，実際の場合脱脂炉から脱脂曲線を得，クラックや変形などが起こりやすい分解率を把握する必要がある．昇温パターンは配合物中の分解特性に合わせる必要がある．脱脂時間は 50 時間程度といわれているが，抽出脱脂，溶媒熱加速などで脱バインダーの処理時間の短縮が図られている．

7.5 MA 法は各種異種混合粉末を高エネルギーボールミルで処理してアモルファスなどの超微細化・分散化複合粉末を製造する方法である．その特徴は比重，融点，沸点などの大きく異なる材料や相溶性のない材料を溶解過程を伴わず固相反応によって，通常の気相または液相から急冷凝固では得られないアモルファス化，超分散化，超微細混合化，微細合金化の複合材料の合成ができることである．MA 技術の展開としてはアモルファス合金，金属間化合物，電極材などの新合金の創製が期待されている．

索　　引

あ　行

亜共晶鋳鉄　　50
圧　延　　53
アモルファス金属　　26
α 型 Ti 合金　　65
$\alpha+\beta$ 型 Ti 合金　　65
イオン半径比　　19
インベストメント鋳造法　　46
ウルツ鉱型構造　　24
Ar′ 変態　　61
Ar″ 変態　　62
HIP　　137
HIP 装置　　95
液相焼結　　84, 89
SAP　　2
sp^3 混成軌道　　23, 24
n 値　　54
Fe 粉　　118, 120
MA 処理　　143, 144
MA 法　　142, 143
塩化セシウム型構造　　21
遠心鋳造法　　46
遠心噴霧法　　39
押出し　　53
押湯方案　　44
オーステナイト　　61
オーステンパー処理　　51
オーステンパ・ダクタイル鋳鉄　　51
オストワルド成長　　88, 90
温間加工　　58

か　行

加圧焼結法　　94
開気孔　　78, 87
回　復　　55
ガウス分布　　75
過共晶鋳鉄　　50
拡　散　　73

拡散機構による焼結　　81
核生成　　47
カーケンドール効果　　101
加工硬化　　54
加工硬化係数　　54
加工硬化の機構　　55
ガスアトマイズ法　　113
ガス噴霧法　　39
可塑流動　　83, 125
可鍛鋳鉄　　50
合体過程　　86
カップリング剤　　140
金型鋳造法　　45
下部ベイナイト　　63
ガラス　　26
ガラス転移点 Tg　　26, 139
過冷却液体　　26
過冷度　　47
含銅シルミン　　53
ガンマシルミン　　53
機械的粉砕　　35, 39
気　孔　　78, 83, 84, 86, 126
気孔断面の形状　　88
気孔率　　84, 88
逆スピネル型構造　　23
逆ホタル石型構造　　21
球状粉　　113, 118
球状黒鉛鋳鉄　　50
共晶鋳鉄　　50
キルド鋼塊　　33
金属間化合物　　18, 19
金属粉末射出成形（MIM）　　97, 139
金属微粒子　　37
空位源　　82
空間格子　　7, 8
空孔の吸込み口　　81, 82
空孔の湧出し口　　81, 82
クチンスキー　　2

グラファイト型構造　24
結晶の対称性　8
原料鉱石　29
コイニング　70, 127
高エネルギー型ボールミル　97
鉱滓　32
合金の凝固　48
格子欠陥　73, 76
格子変態　61
格子面の間隔　14
誤差関数　75
Co 粉の製造　113
コランダム型構造　22

さ 行

再結晶　56
サイジング　70
再配列過程　85
最密六方格子　16
酸化精錬　33
CIP　135
シェルモールド鋳造法　46
軸比　16
CCT 曲線　63
CV 黒鉛鋳鉄　50
収縮率　82
純金属の凝固　47
常圧焼結法　93
蒸気圧差　80
衝撃圧縮処理　99
衝撃固化技術　99
焼結　1, 68
焼結工学　1
焼結材料工学　1
焼結助剤　93, 94
焼結接合法　123
焼結の促進　91
焼成　5, 77
蒸発・凝縮機構による焼結　79
蒸発・凝縮法　36
上部ベイナイト　62
初期架橋過程　85
食塩型構造　20

ショットキー欠陥　73
シルミン　52
水素吸蔵合金　143
ステンレス鋼粉　117, 135
砂型鋳造法　45
スパイク　47
スピネル型構造　22
スリップ・キャスティング法　132
製鋼法　32
製銑法　31
接触角 θ　84
セミキルド鋼塊　33
セラミックプロセッシング　103
閃亜鉛鉱型構造　24
銑鉄　31
塑性加工　53
組成的過冷　49
塑性変形　53
ソルバイト　62

た 行

体心立方格子　16
体積拡散の焼結速度式　82
代表径　106
ダイヤモンド構造　23
脱バインダー　139, 140, 141
W 粉の製造　111
鍛造　53
炭素当量　50
炭素飽和度　50
タンタル粉　119
窒化ホウ素　24
チタン合金の熱処理　64
緻密化　90, 94, 122
緻密化過程　89
緻密化係数 Df　89
緻密化助剤　92
緻密化促進剤　93
緻密焼結体の微構造　102
中間相　17, 18
中性子吸収断面積　25
鋳造　42
鋳造性　43

鋳造方案　44
鋳　鉄　49
TTT 線図　62
鉄鋼の製錬　31
鉄粉の製造　110
テープ・キャスティング法　130
転　位　54, 55
転位密度　55
デンドライド　47
等温変態線図　62
透明性焼結体の微構造　102
トルースタイト　61

な　行

Ni 粉　120
二面角 ϕ　85
ニヤネットシェイプ　138, 142
Near α 型　64
Near β 型　64
ぬれ性　91
熱間加工　56
熱間静水圧焼結法　95
ネック　77
熱処理　58
ネット・シェープ　145
ネットワーク形成　78, 101
熱分解法　40
粘性流動　83

は　行

π 軌道　24
バインダー　134, 135, 140
鼻　62
バナジウム粉　119
パーライト変態　62
反応焼結法　96
引抜き　53
微構造　102
微細結晶粒超塑性材　145
非晶質　25
歪硬化　54
非鉄金属の製錬法　33
HIP　95, 137, 150

ヒドロナリウム　53
比表面積　107
ヒュームロザリーの規則　18, 19
ビルドアップ法　34
ファインセラミックス　6
フィックの第一法則　74
フィックの第二法則　74
物理化学的処理　34
ブラックの反射条件　14
ブラベー格子　10
プリフォームの鍛造　126
ブレークダウン法　34
プレス加工　53
フレンケル　2
粉末圧延法　127, 128
粉末鍛造法　124
粉末冶金　1
粉末冶金の焼結組織　101
閉気孔　78, 87
平衡分配係数　48
ベイナイト　51
ベガードの法則　17
β 型チタン合金　66
β トランザス　65
ペロブスカイト型構造　23
偏　析　57, 91
変　態　59
放電焼結法　99
ホタル石型構造　21
ホットプレス法　94

ま　行

マルテンサイト　61
水アトマイズ法　115
水噴霧法　39
ミラー指数　11, 12, 14
無拡散変態　61
メカニカルアロイング法　97
面心立方格子　15
Mo 粉の製造　112

や　行

焼入れ　60

焼入れ組織　　60
焼なまし　　60
焼ならし　　60
焼戻し　　60
ヤングの式　　84
誘電材料　　144
湯口方案　　44
溶　解　　42, 44
溶解・析出過程　　86
溶湯噴霧法　　38

ら　行

ラウタル　　52
ラーベス相　　18, 19
ラングミュアの式　　80
リムド鋼塊　　33

粒　径　　106
粒成長　　56
粒成長速度　　87
粒成長抑制剤　　93
粒　度　　107
流動性　　42
粒度測定法　　107
粒度分布　　109
ルチル型構造　　21
冷間加工　　57
連続冷却変態線図　　63
ローエックス　　53

わ　行

Y合金　　52
湾　　62